© **Copyright 2021 - Tutti i diritti riservati.**

Il contenuto in questo libro non può essere riprodotto, duplicato o trasmesso senza il permesso scritto diretto dell'autore o dell'editore.

In nessuna circostanza sarà attribuita alcuna colpa o responsabilità legale all'editore, o autore, per eventuali danni, riparazioni o perdite monetarie dovute alle informazioni contenute in questo libro. Direttamente o indirettamente.

**Avviso legale:**

Questo libro è protetto da copyright. Questo libro è solo per uso personale. Non è possibile modificare, distribuire, vendere, utilizzare, citare o parafrasare alcuna parte o il contenuto di questo libro senza il consenso dell'autore o dell'editore.

**Avviso di esclusione di responsabilità:**

Si prega di notare che le informazioni contenute in questo documento sono solo a scopo educativo e di intrattenimento. È stato compiuto ogni sforzo per presentare informazioni accurate, aggiornate e affidabili e complete. Nessuna garanzia di alcun tipo è dichiarata o implicita. I lettori riconoscono che l'autore non si impegna a fornire consulenza legale, finanziaria, medica o professionale. Il contenuto di questo libro è stato derivato da varie fonti. Si prega di consultare un professionista autorizzato prima di provare qualsiasi tecnica descritta in questo libro.

Leggendo questo documento, il lettore accetta che in nessun caso l'autore è responsabile per eventuali perdite, dirette o indirette, che sono sostenute a seguito dell'uso delle informazioni contenute in questo documento, inclusi, ma non limitati a, errori, omissioni o imprecisioni.

# INDICE

**INTRODUZIONE** — 9

**CAPITOLO - 1**
    **COME INIZIARE** — 13

**PERCHÈ FARE L'ORTO?** — 13

**ATTREZZI ESSENZIALI PER L'ORTO** — 16

**PRINCIPI BASE PER L'ORTO** — 18

**TIPI DI ORTO** — 19
    orto nelle aiuole rialzate — 19
    orto sul tetto — 20
    Orto sul balcone — 22
    Orto verticale — 23
    Orto idroponico — 26
    Orto nel cortile
    (autosostentamento) — 27
    Orto in contenitori — 28
    Come scegliere cosa coltivare — 28
    Coltiva ciò che mangerai — 28
    Considera quante verdure
    mangerai — 28
    Sfrutta al Massimo lo spazio
    che hai — 29
    Chiedi alle persone a te vicine — 29
    Prendi alcuni cataloghi di semi — 30

**CAPITOLO - 2**
    **INTRODUZIONE A L'ORTICOLTURA** — 31

**PERCHÈ INIZIARE A FARE L'ORTO?** — 31

**IL MIGLIOR CIBO DA COLTIVARE** — 33
    Pomodori — 34

| | |
|---|---|
| Barbabietola d'argento o bietola | 34 |
| Asparagi | 34 |
| Broccoli | 35 |
| Fagiolini | 35 |
| Cavolini di Bruxelles | 36 |
| Cetrioli | 36 |
| Zucchini | 36 |
| Piselli | 37 |
| Cavolo | 37 |
| Zucca | 37 |

## CAPITOLO - 3
### PIANIFICA IL TUO ORTO ORGANICO — 39

## LE BASI PER LA PIANIFICAZIONE DI UN ORTO

| | |
|---|---|
| ORGANICO | 39 |
| Testa il tuo terreno | 40 |
| Decidi cosa vuoi piantare | 41 |
| Pianifica il tuo spazio | 41 |
| Decidi dove piantare il tuo orto | 41 |
| Le dimensioni dell'orto | 42 |
| Esposizione solare | 42 |
| Esposizione al vento | 43 |
| Trova le caratteristiche della tua zona | 43 |
| Crea una lista dei preferiti per il tuo orto | 43 |
| Crea una mappa dell'orto | 44 |
| Programma quando piantare il tuo orto | 44 |
| Scegli dove piantare il tuo giardino | 44 |
| Disegna (e cancella) il progetto del tuo orto | 45 |
| Lascia stare il catalogo delle sementa | 45 |
| Condizioni di crescita | 46 |

## CONSIGLI QUANDO INIZI A FARE L'ORTO — 46
- Luce del sole — 46
- Cosa far crescere — 47
- Dove seminare — 47
- Spazi dell'orto — 47
- Terreno — 48
- Concime — 48

## COME PREPARARE IL TERRENO — 48
- Inizia scavando — 49
- Usa il terriccio — 49
- Crea vie per camminare — 50

## COSTRUISCI IL TUO ORTO — 50

## INFORMATI SULLE NORMATIVE LOCALI — 52

## CAPITOLO - 4
### PIANTARE IL TUO ORTO ORGANICO — 54

## PIANTARE — 55
- Acquista le piantine da un vivaio — 56
- Inizia da zero con le piantine — 57
- Semina diretta e indiretta per maggiori risultati — 58

## SEMINA DIRETTAMENTE I TUOI SEMI — 59

## METTI LE RADICI NEL TERRENO — 62

## PACCIAMATURA O NO? — 63

## SUPPORTO PER LE PIANTE IN CRESCITA — 64

## COME FERTILIZZARE L'ORTO — 66

## CAPITOLO - 5
### CRESCITA DELL'ORTO — 71

## IRRIGAZIONE/ANNAFFIATURA DEL TUO ORTO — 71

| | |
|---|---|
| TOGLIERE LE ERBACCE (APPROFONDIMENTO) | 73 |
| ALTRI CONSIGLI PER MANUTENERE L'ORTO | 75 |
| RACCOLTO E CONSERVAZIONE | 76 |
| COME PROTEGGERE IL TUO ORTO DAGLI ANIMALI | 78 |

## CAPITOLO - 6
### TIPI DI ORTAGGI — 79

**PIANIFICARE LA STAGIONE COLTURA**

| | |
|---|---|
| per coltura | 79 |
| Metà inverno/gennaio | 80 |
| Colture nella stagione Fredda per la semina nel tardo inverno | 81 |
| Piantagione zona per zona: marzo/inizio primavera | 82 |
| Suggerimenti per piantare ad inizio autunno | 84 |
| Suggerimenti per piantare a metà autunno | 84 |
| Piantare nel tardo autunno | 85 |
| Piantare ad inizio inverno | 86 |

## CAPITOLO - 7
### RISOLUZIONE DEI PROBLEMI — 89

**CONTROLLO DEI PARASSITI E PREVENZIONE DELLE MALATTIE — 89**

| | |
|---|---|
| Controllo dei parassiti | 90 |
| Prevenzione delle malattie | 92 |
| Problemi comuni con i parassiti e cosa fare Common | 95 |
| Erbicidi, pesticidi disinfestazione integrata | 98 |

## CAPITOLO - 8
### INDICE DEGLI ORTAGGI — 105
- AGLIO — 105
- AMARANTO — 106
- ANETO — 107
- ASPARAGO — 108
- BARBABIETOLA — 109
- BROCCOLI — 110
- CAROTE — 111
- CAVOLFIORE — 112
- CAVOLO CAPPUCCIO — 113
- CAVOLO NERO — 114
- CAVOLO RAPA — 114
- CETRIOLO — 115
- CIPOLLA — 116
- ERBA GATTA — 117
- FAGIOLI — 118
- LATTUGA — 119
- MAIS — 120
- MELANZANE — 121
- OCRA/GOMBO — 122
- PASTINACA — 122
- PATATE DOLCI — 123
- PATATE — 124
- PEPERONI — 125
- PISELLI — 126
- POMODORI — 127
- PORRO — 128
- PREZZEMOLO — 128
- RABARBARO — 129
- RADICI (RAVANELLO) — 130
- RAFANO — 131
- SEDANO — 132
- SPINACI — 132
- ZUCCHE — 133
- ZUCCA BUTTERNUT — 134

## CONCLUSIONE — 135

# Introduzione

Se hai mai piantato un seme con speranza e aspettativa, puoi imparare anche come avere successo nella coltivazione di un orto, per integrare la tua alimentazione e quella della tua famiglia, con prodotti altamente nutrienti. Il percorso per avere un raccolto abbondante inizia con la terra, il sole, l'acqua, i semi e, soprattutto con la conoscenza e il sudore. Se applichi ciò che imparerai e sperimenterai, avrai successo nel fare il tuo orto e man mano che le tue abilità cresceranno, crescerà anche la tua felicità.

Le informazioni che troverai in questo libro ti aiuteranno a migliorare e potenziare la resa del tuo orto con idee e metodi utilizzati da ortolani esperti. Il nostro obiettivo è concentrarci sulle tecniche che ti permetteranno di avere degli ottimi raccolti per il tuo orto. Tutti possono farlo. Questo non è solo un libro con le basi per avviare un orto, ma ti permetterà di far "decollare" il tuo orto dopo la sua creazione.

Nel mondo di oggi è sempre più difficile mangiare dei cibi biologici e privi di pesticidi. Avere il tuo orto può aiutarti a raggiungere i tuoi obiettivi per una dieta più sana. Inoltre, anche l'aria pulita può allungare la vita media e di conseguenza contribuire a migliorare la sensazione genarle di benessere. Un orto o un giardino possono aiutare a migliorare l'aria e renderla più pulita.

Avere un orto può aiutarti in tutto questo, ma c'è un piccolo problema, non sapere da dove iniziare. Quindi pensa a questo libro come ad una mappa. Una mappa ha abbastanza informazioni per portarti dove vuoi e aiutarti quell tanto che basta per aiutarti a familiarizzare con il paesaggio e non perderti. Ti dice cosa c'è la fuori e cosa dovresti aspettarti.

Non preoccuparti se non hai un giardino di grandi dimensioni, l'orticoltura è efficace anche in contenitori e vasi, così come nei giardini. Piantare in contenitori è più sicuro sotto molti aspetti se lo si espande un po', perché i contenitori possono essere spostati in giardino o in cortile, a seconda dell'ambiente. Se fuori stagione arriva il gelo, puoi coprire i raccolti prima che si verifichi il danno. Alcune verdure possono essere coltivate in una vasca, anche quelle più voluminose come zucche e zucca.

Non ci vorrà molto tempo per raccogliere un sacco di informazioni utili sulla coltivazione degli ortaggi, e non c'è niente di meglio dell'esperienza, per supportarti nel percorso verso un giardino perfetto.

Sarà un percorso comodo ma anche approfondito, per le persone che sono completamente nuove al giardinaggio e che desiderano coltivare ortaggi. Questo libro indirizza il lettore ad una selezione appropriata delle piante e da consigli pratici e teorici per la crescita delle verdure, mettendo in evidenza i vantaggi in termini di soldi e di maggiore relax.

È essenziale focalizzarsi sul nutrimento che darai alle piante che intendi mangiare, perché quello che di solito metti sulle rose potrebbe non essere così buono da mangiare! Esistono diversi mangimi biologici per crescere ortaggi molto sani. Un esperimento interessante è acquistarne alcuni e testarli su alcune delle stesse piante per vedere le differenze man mano che crescono.

# Capitolo - 1
## COME INIZIARE

**PERCHÈ FARE L'ORTO?**

Le persone che vivono nel centro città, o anche fuori città, hanno bisogno di coltivare frutta e verdura. Perché? Ebbene, c'è qualcosa di più importante della tua salute? Al giorno d'oggi è difficile avere cibo puro e sano, soprattutto nelle città, dove tutto è artificiale e conservato. Quindi, avere cibo fresco è quasi impossibile. Ma quando una persona coltiva il proprio cibo, sa esattamente cosa sta ricevendo e non deve chiedersi cosa ha mangiato.

Quindi, avere un orto non solo ti fornisce cibo fresco e sano, ma può anche essere redditizio, nel senso che potresti diventare autosufficiente. Una volta che sai cosa è sano, potresti anche pensare a iniziare a fare qualche soldo.

Quindi, ora sei senza stress e stai mangiando meglio.

Quando mangi meglio, ovviamente dormi meglio, e quando dormi meglio, in realtà vai meglio in bagno. Ora, hai cibo sano, sai da dove viene e sai cosa c'è dentro. Ci stai anche guadagnando dei soldi. Non hai complicazioni digestive perché frutta e verdura sono ricche di fibre; ti ripuliscono. Hai molti vantaggi nel coltivare il tuo cibo in una città. Puoi anche trasmettere le tecniche che hai imparato. Stiamo parlando di rompere le maledizioni generazionali della disoccupazione e del salario minimo di sussistenza.

Ci sono illimitati benefici per la salute nel coltivare il proprio cibo. Il primo vantaggio per la salute è che trascorrerai più tempo fuori, il che significa una maggiore produzione di vitamina D e serotonina; questo rafforzerà il tuo sistema immunitario e ti farà sentire più felice e dormire meglio la notte.

Il secondo vantaggio è che il giardinaggio è considerato una forma moderata di esercizio fisico. Il terzo vantaggio è che quando facciamo il giardinaggio, ci sporchiamo le mani, il che aiuta a costruire il nostro micro bioma, o i batteri che vivono sopra e all'interno del nostro corpo, e che possono effettivamente aiutare a portare benefici al nostro sistema immunitario e al nostro umore. Se sei un tipo schizzinoso, o se hai qualcuno del genere in casa, è fantastico coinvolgerlo nel giardinaggio perché è più probabile che ami mangiare i cibi che ha coltivato e cresciuto. Se hai un bambino, o anche un adulto che è un tipo schizzinoso, è un ottimo modo per aiutarli a migliorare il loro piatto. Il giardinaggio ti darà una nuova fonte di prodotti. I prodotti freschi hanno un contenuto nutrizionale più elevato e nutriranno meglio il tuo corpo.

Quando acquisti prodotti locali, tieni presente che, nel momento in cui la frutta e la verdura vengono raccolte, il loro valore nutritivo inizia già a degradarsi. Prima potrai consumare la frutta e la verdura fresca, maggiore sarà l'apporto nutrizionale per il tuo corpo. Ciò significa che acquistare i prodotti localmente, con una filiera più corta, sarà più nutriente per il tuo corpo. Quindi, tieni presente che se stai andando al mercato dove ci sono prodotti biologici locali, sarà meglio arrivarci la mattina, prima che i prodotti siano rimasti al sole tutto il giorno. Questo perché, come ti dicevo prima, vorrai assicurarti di mantenere il valore nutritivo dei prodotti che stai acquistando. Quindi, coltiva molta frutta e verdura. È molto facile da coltivare; le uniche tre cose di cui le piante hanno bisogno per sopravvivere sono cibo, acqua e luce solare (e anche un po' di amore e cura da parte tua). Devi prenderti cura di loro come se ti stessi prendendo cura dei tuoi figli (o quasi, non esageriamo).

## ATTREZZI ESSENZIALI PER L'ORTO

Nessuno dovrebbe lavorare in un giardino a mani nude. Hai bisogno degli strumenti adeguati se vuoi lavorare il terreno, ma prima di decidere quale acquistare, devi considerare alcune cose come: le dimensioni del giardino, il budget che hai per l'acquisto e il loro utilizzo (a cosa servono), secondo quali verdure desideri coltivare. Dai un'occhiata alla lista qui sotto e pensaci due volte su ciò di cui hai più bisogno.

La pala e la vanga sono la tua priorità numero uno. Una pala è un po' più lunga di una vanga e le loro punte sono diverse. Mentre una pala ha una lama arrotondata, una vanga ha una lama a punta. La maggior parte dei giardinieri decide di lavorare con la pala a causa della sua lunghezza, perché è più facile lavorare con uno strumento più lungo. D'altra parte, una vanga è più forte, ma se sei un principiante con un piccolo orto, non avrai bisogno di uno strumento più forte. Scegli una pala, perché ti salverà dal mal di schiena e farà il suo lavoro.

La zappa, uno strumento da giardinaggio, disponibile in molte dimensioni e forme, viene utilizzata principalmente per rimuovere le erbacce e per lavorare i solchi per la semina. Se hai un budget limitato per gli attrezzi da giardinaggio, ti suggerirei di acquistare una pala di qualità, piuttosto che una pala e una zappa di bassa qualità, semplicemente perché puoi gestire l'erba con le tue mani (assicurati solo di proteggerle con buoni guanti), e puoi aprire e chiudere i solchi anche con la pala.

Un rastrello, o "una scopa per uso esterno", dovrebbe essere un elemento di acquisto nella tua lista. Inoltre, è ovviamente utile avere un rastrello in una casa con un grande giardino e alberi al suo interno (per la raccolta delle foglie cadute). È utile averlo anche per i lavori nell'orto. Puoi anche usarlo per livellare i letti di semina, spostare i pacciami o uccidere le erbacce.

La paletta viene utilizzata principalmente per il trapianto delle piantine, scavando le piccole buche e aprendo piccoli solchi. Anche se ci vorrebbe molto del tuo tempo se la usassi in un giardino grande, va benissimo usarla in un piccolo orto.

Non dimenticare i piccoli strumenti come spago e picchetti; puoi usarli per segnare le file, ma sono principalmente usati per sostenere piante, come i pomodori. Alcuni secchi per l'acqua e il fertilizzante possono essere utili, ma non è necessario spendere molti soldi per questi. Semplici secchi di plastica dovrebbero fare il lavoro. La lima è importante per mantenere affilati gli altri attrezzi da giardinaggio, ma non è necessario utilizzarla troppo spesso.

Una volta che hai gli attrezzi di cui hai bisogno, devi prenderti cura di loro, in modo che durino a lungo. Dovresti preparare un deposito per gli attrezzi per proteggerli dal sole e dalla pioggia. Naturalmente, se il tuo budget lo consente, sentiti libero di acquistare attrezzi aggiuntivi e guarda quali risultati puoi ottenere con loro.

**PRINCIPI BASE PER L'ORTO**
Includono:

- Verdure come fagioli e cucurbitacee dovrebbero essere coltivate lungo il confine e lasciate che si spargano sulla recinzione.

- I bordi dovrebbero essere sollevati per colture come rapa e carote, ecc.

- La fossa del compost dovrebbe essere posizionata all'angolo dell'orto.

- Piante più grandi come limone, carissa e papaia dovrebbero essere coltivate sul lato nord dell'orto per evitare l'effetto ombra su altre colture.

- La selezione delle colture orticole deve essere seguita dalla rotazione delle colture appropriata.

- La corretta pianificazione, compresa la selezione dei tipi vari di ortaggi, va eseguita prima della semina, per garantire un approvvigionamento continuo di verdure fresche, ricche di sostanze nutritive e senza glutine.

**TIPI DI ORTO**

*ORTO NELLE AIUOLE RIALZATE*

Immagina un letto fatto di terra. Se ti stai chiedendo perché il terreno non sta cadendo a pezzi, è perché nel terreno è contenuto legno, plastica, pietre o altro materiale. Questo letto è solitamente rialzato da terra. Il terreno nel "letto rialzato" è solitamente diverso dal suolo nativo; di solito viene acquistato in negozio e arricchito con compost e fertilizzanti. Il terreno in aiuole rialzate può essere adattato alla crescita e alla salute di una particolare coltura. Con più aiuole, si può coltivare una serie di piante che non sarebbero in grado di crescere nel normale terreno che si trova nel loro cortile. Le aiuole rialzate differiscono in profondità, lunghezza e forma; possono essere utilizzate in un'ampia varietà di luoghi, non solo nel cortile di casa, ma anche su tetti, balconi e altri spazi.

### ORTO SUL TETTO

Il giardinaggio sul tetto è il modo in cui le persone, che si trovano nelle città, possono portare un po' verde nelle loro vite. Puoi usare molte delle tecniche di cui abbiamo parlato finora, per realizzarlo. Puoi utilizzare aiuole rialzate, orti verticali, vasi o sistemi idroponici. Qualunque cosa tu decida, dovresti pensare a molte cose prima di iniziare il tuo giardino sul tetto.

Dovresti verificare se questo è possibile. Le leggi e le limitazioni di altezza potrebbero impedire qualsiasi tipo di attività sul tetto. C'è anche la questione se il tetto sia abbastanza robusto per sorreggere un carico extra. Le piante e il terreno sono pesanti e continuano a diventare più pesanti man mano che crescono. Per questo, potrebbe essere necessario assumere un tecnico per avere un'analisi. Dovresti anche pensare all'accesso all'orto e ad altri elementi essenziali, quali il rifornimento di acqua.

Ricorda che rendere le cose semplici è importante, non vuoi dover portare l'acqua su e giù per annaffiare le tue piante. Le piante sul tetto sono generalmente meno protette, il che significa che le condizioni meteorologiche estreme possono essere un problema e potrebbe essere compito tuo fornire loro una protezione. Quando non è caldo, tieni presente che spesso è molto ventoso sul tetto, il che significa che i tuoi ortaggi potrebbero essere sbattuti e danneggiati. Potrebbe essere necessario proteggerli anche da questo. Lo puoi fare, costruendo una recinzione o un muro. In questo caso occorrerà chiedere il permesso; il tuo orto probabilmente richiederà alcune strutture extra per proteggerlo. È meglio piantare su un tetto dove hai un facile accesso. Dovresti anche pensare a dove mettere tutta l'attrezzatura necessaria per gestire l'orto; non solo gli attrezzi ma anche altre cose come fertilizzante, compost, secchio e altri accessori di cui potresti aver bisogno. Quindi dovrai pensare a soluzioni per tutto questo.

Se prendi in considerazione questi problemi, sarai in grado di costrutire il tuo orto sul tetto.

## ORTO SUL BALCONE

I giardini sul balcone, come i giardini pensili, sono un'ottima soluzione per chi vive in città. Se vuoi un giardino sul balcone di successo, dovrai pensare a diverse cose.

Per prima cosa, assicurati che il tuo balcone abbia la giusta quantità di sole, almeno cinque ore. Se è così, devi pensare alle varie tecniche che utilizzerai. Quando usi contenitori e vasi rialzati, assicurati che siano situati in posizioni in cui riceveranno più sole. Se il tuo balcone viene utilizzato come muro, dovrai sollevare alcune piante sopra l'ombra. Potresti usare un supporto o usare combinazioni di un contenitore rialzato e un orto verticale per ottenere qualcosa di concreto. Se ti ritrovi a dover utilizzare un supporto o un orto verticale, dovrai pensare a modi per proteggere le tue piante dai venti estremi o dalle intemperie, il che significa che dovrai installare una protezione. Se hai più dubbi, considera alcuni dei consigli pensati per gli orti sui tetti.

L'orto sui balconi e sui tetti consiste nell'utilizzo di contenitori per la coltivazione. In pratica basta mettere in pratica ciò che hai appreso in precedenza.

### ORTO VERTICALE

Il giardinaggio nei contenitori rialzati (e la maggior parte delle altre forme di giardinaggio), consiste nel coltivare nel modo tradizionale, è orientato orizzontalmente. Al contrario il giardinaggio verticale consiste nel piantare verso l'alto. Questo è meraviglioso se hai poco spazio in orizzontale. Se non puoi uscire, puoi sempre salire. Questo tipo di orto non è solo economico dal punto di vista spaziale, ma offre anche bellissimi display a livello visivo. Sono perfetti per le aree urbane, i balconi degli appartamenti o i portici.

L'orto verticale utilizza strutture come tralicci, borse, supporti, recinzioni e altre strutture per funzionare. Queste strutture possono ospitare piante con diverse modalità di crescita.

Le piante rampicanti come fagioli, viti e clematidi amano i giardini verticali e usano strutture come i tralicci per arrampicarsi. Se non hai queste strutture, non devi preoccuparti. Alcune piante rampicanti utilizzeranno recinzioni e pali collegati a catena. I vasi sospesi possono funzionare bene per le piante più stazionarie, come spinaci e melanzane. Un supporto può contenere contenitori rialzati più piccoli con un fondo chiuso o strutture più piccole. In questo modo potrai ospitare una vasta gamma di piante con diverse modalità di crescita.

Con il giardinaggio verticale, tutto ciò che può aiutarti a crescere verso l'alto può funzionare, devi solo essere un po 'creativo. Puoi guardare online per trarre ispirazione, avrai nuove idee su quali strutture puoi usare per risolvere i tuoi problemi di spazio o come costruire una bella struttura. Se non sei interessato al fai da te, puoi sempre acquistare kit di coltivazione verticale dal tuo fornitore di fiducia per l'orto e il giardino, più vicino a te.

Se sei una persona brava coi lavori manuali o hai una vena artistica, ti suggerirei di accettare il progetto di costruire qualcosa da solo. Se non lo sei, può comunque essere divertente provare o trovare un nuovo uso per le strutture della tua casa che sono state trascurate o che a livello visivo sono un cazzotto in un occhio. Una signora ha trasformato il suo materasso a molle in una struttura per i suoi fiori rampicanti, creando così qualcosa di meraviglioso.

L'area che hai disponibile per mettere un orto verticale, determinerà in gran parte quali piante potrai avere nel tuo orto. Questo vale solo se hai uno spazio limitato. Ad esempio, se l'area che hai a disposizione, dispone di circa sei ore di luce solare al giorno, questo ti permetterà di piantare le verdure. Come abbiamo detto, le verdure hanno bisogno di molta luce solare. Tuttavia, le verdure e le erbe aromatiche possono crescere con relativamente poca luce solare.

Potrai usare per il tuo orto verticale il terreno che hai già disponibile nel tuo giardino. Un esempio è piantare piselli vicino a una recinzione o un'altra struttura appropriata. L'orto verticale richiederà una normale quantità di acqua e altre accortezze per mantenere il terreno sano e le piante felici. Queste accortezze saranno cose come eliminare le erbacce, concimare il terreno e assicurarti che non diventi troppo secco. Altre forme di orticoltura verticale fanno uso di contenitori, sotto forma di vasi, o altre strutture che possano contenere terra. In questo caso è richiesta un'accuratezza maggiore. Tre fattori sono fondamentali, che il contenitore abbia un buon drenaggio, che il terreno non si asciughi e che rimanga ricco di sostanze nutritive.

## ORTO IDROPONICO

L'idroponica è un modo per coltivare piante senza suolo. L'ingrediente principale è l'acqua, con minerali e altri nutrienti. È fatto attraverso un mezzo come la sabbia, in modo che le radici possano avere un supporto o qualcosa a cui aggrapparsi. I sistemi idroponici non sono tutti uguali; ce ne sono di diversi tipi, alcuni possono avere un supporto (sabbia); alcuni potrebbero avere solo acqua. Prima di dare un'occhiata a tutti i sistemi idroponici esistenti, vale la pena pensare al motivo per cui le persone lo vorrebbero fare.

## ORTO NEL CORTILE (AUTOSOSTENTAMENTO)

Penso che una delle definizioni più semplici di autosufficienza sia che è l'opzione di orticoltura per antonomasia. È come immagino sia iniziato l'orticoltura. È quando pianti il tuo raccolto direttamente nella terra che hai a disposizione. Puoi lavorare il tuo terreno e fai ogni sorta di cose per renderlo più ospitale per ciò che vuoi piantare, come pulire il campo e aggiungere fertilizzante, in fin dei conti stai usando la terra natia per produrre. Tanto per chiarire, qualsiasi tipo di coltivazione domestica è una "fattoria" perché produci cibo per te stesso. Puoi usare aiuole rialzate o giardini verticali, sempre di fattoria si parla. Tuttavia, la definizione a cui la maggior parte delle persone pensa quando sente parlare di orto in casa è che si pianta direttamente nel terreno di casa, anche se questo sta lentamente cambiando a causa della popolarità di altri metodi.

## ORTO IN CONTENITORI

### COME SCEGLIERE COSA COLTIVARE

Come sai, ci sono centinaia o migliaia di piante diverse, non ti mancano le scelte per cosa coltivare nel tuo orto. Tuttavia, devi pianificare ciò che intendi coltivare nel tuo orto biologico. Anche se l'acquisto di piantine limiterà le tue scelte, c'è ancora molto da scegliere. Se intendi iniziare con i semi, le scelte sono ancora più varie. Tuttavia, puoi restringere il campo su cosa coltivare nel tuo orto considera quanto segue:

### COLTIVA CIÒ CHE MANGERAI

Dato che stai coltivando un orto, dovresti prima considerare cosa vorresti mangiare. Fai un elenco delle verdure che tu e la tua famiglia consumate abitualmente. Non coltivare verdure a caso che non piacciono a nessuno di voi. È facile per i principianti lasciarsi trasportare dalle immagini in un catalogo di ortaggi. La varietà di piante potrebbe eccitarti, ma prima dovresti partire dalle basi.

### CONSIDERA QUANTE VERDURE MANGERAI

È anche importante tenere a mente quanto mangerai. Ci sono alcune piante che sono facili da coltivare e cresceranno in abbondanza. Tuttavia, potrebbero non durare a lungo, anche se conservate in frigorifero. Non coltivare più di quanto sarai in grado di consumare, a meno che tu non abbia intenzione di venderli o regalarli. Ci sono alcune piante come il cetriolo che ti daranno abbastanza prodotti da un paio di piante. Non è necessario allevare decine della stessa pianta che ti darà molti frutti. Dovresti pensare alla quantità di ogni verdura che la tua famiglia consuma solitamente.

**SFRUTTA AL MASSIMO LO SPAZIO CHE HAI**
Le persone con un grande cortile o giardino possono coltivare quello che vogliono in tutte le quantità che vogliono. Tuttavia, la maggior parte delle persone ha un limite allo spazio, e di questi tempi è importante sfruttare al meglio ciò che hai a tua disposizione. Quando hai poco spazio con cui lavorare, dovresti concentrarti sulla coltivazione delle verdure e delle erbe che consumi di più e che crescono rapidamente. In questo modo, puoi averli a disposizione per usarli in cucina, senza aspettare le piante che impiegano molto tempo per ricrescere.

**CHIEDI ALLE PERSONE A TE VICINE**
Devi parlare con i tuoi vicini (chi ha un orto) e imparare dalle loro esperienze. A seconda della tua posizione, ci sono piante che potrebbero non andare così bene. Parla con la gente del posto che ha esperienza con il giardinaggio o l'orticoltura. Puoi anche prendere consigli dal vivaio locale o dai proprietari di negozi di giardinaggio. Chiedigli semplicemente con cosa avrai più fortuna. I giardinieri più esperti sono disposti a

condividere informazioni preziose che aumenteranno le tue possibilità di successo. Raccogliere informazioni dalle persone intorno a te ti aiuterà a selezionare le piante migliori per il tuo orto.

**PRENDI ALCUNI CATALOGHI DI SEMI**
Se sei pronto per passare dalle piantine e lavorare con i semi, metti le mani su alcuni cataloghi. Prenditi del tempo per esaminare tutte le opzioni che hai e fai scelte ragionevoli. I cataloghi sono generalmente gratuiti e ti aiutano a dare un'occhiata all'ampia varietà di opzioni disponibili. Molti di questi cataloghi hanno anche informazioni extra che ti aiuteranno a selezionare il giusto tipo di semi per il tuo orto. Potrebbero menzionare il tipo di clima o la regione in cui prospera ogni pianta, quindi saprai cosa crescerà bene nel tuo orto. Se non hai accesso ai cataloghi, puoi semplicemente cercare informazioni online e acquistare i semi da un negozio locale.

## Capitolo - 2
## INTRODUZIONE A L'ORTICOLTURA

**PERCHÈ INIZIARE A FARE L'ORTO?**

Te l'ho già chiesto, ma è importante! Iniziare e sostenere un orto può sembrare un duro lavoro, quindi perché dovresti farlo? Non esiste una buona risposta sul motivo per cui dovresti coltivare verdure fresche, ma ci sono molte ragioni per cui il giardinaggio è benefico sia per la tua salute fisica che per quella emotiva.

Non puoi ignorare il fatto che quando coltivi le tue verdure a casa, hai il controllo della tua catena alimentare. Mangiare cibo fresco è vitale per mantenere la salute fisica e quando produci il tuo cibo sai esattamente cosa stai ricevendo.

I benefici fisici nel fare l'orto sono un'altra spinta alla salute. Sarai sveglio e in movimento, il che ti manterrà attivo per tutta la stagione di crescita. Fare giardinaggio equivale a fare molta attività fisica, ma la buona notizia è che, nonostante ciò, chiunque può fare il giardinaggio. Aiuole rialzate e contenitori possono rendere il giardinaggio accessibile anche a chi ha problemi di mobilità o capacità fisiche limitate.

Il giardinaggio aumenta la forza fisica, aiuta ad abbassare la pressione sanguigna e aumenta la flessibilità e la resistenza. Ma insieme ai benefici fisici, l'aspetto della salute mentale del giardinaggio non può essere trascurato. Il giardinaggio può essere incredibilmente rilassante. Sentirsi in contatto con il terreno e nutrire le tue piante ti darà sollievo dallo stress e un senso di realizzazione. È incredibilmente soddisfacente vedere un minuscolo seme crescere e diventare una pianta fiorente sotto le tue cure.

Insieme ai benefici fisici ed emotivi del giardinaggio, c'è anche l'aspetto dell'apprendimento, fare l'orto ti sfiderà a improvvisarti scrittore, lettore, ricercatore, "scienziato" e molto altro ancora. Quando impari a scegliere i semi e il terreno, fai ricerche sui pro e contro delle varietà di piante, tieni un diario del giardino e scopri come funziona il tuo ecosistema locale, troverai l'esercizio mentale tanto piacevole quanto i benefici fisici. Una delle cose più belle dell'essere un ortolano è che c'è sempre molto da imparare, nuove varietà da esplorare, nuove ricerche su parassiti e patogeni su cui documentarsi e molto altro ancora. Il giardinaggio è davvero un hobby infinito.

## IL MIGLIOR CIBO DA COLTIVARE

Oggigiorno, molte persone vogliono iniziare a coltivare il proprio cibo e diventare autosufficienti, e questo è fantastico. Lo amiamo e lo incoraggiamo. Tuttavia, il problema è che la maggior parte di loro sembra che lo faccia senza alcuna preparazione. Comprano solo un mucchio di piantine di ortaggi e poi sperano per il meglio, piuttosto che fare un po 'di ricerca sulle migliori verdure con cui iniziare, e poi uscire e comprare alcune piantine.

Impariamo insieme: quali sono alcune delle migliori verdure per iniziare a fare l'orto? Esamineremo brevemente ciascuna di esse.

La domanda è: perché queste verdure sono le migliori per iniziare a fare un orto? Bene, sono super sane e riceverai molto cibo da loro. Queste verdure si basano su due cose: facilità di coltivazione e quanto cibo riceverai per ogni singola pianta.

Ci sono molte verdure comuni, ma ho spazio per includerne solo alcune. Penso che queste siano le migliori verdure da coltivare.

## POMODORI

Le prime sono i pomodori, sono una delle verdure migliori che dovresti iniziare a coltivare. La cosa migliore dei pomodori è che sono molto facili da coltivare; avrai un rientro per i soldi che hai speso molto alto, nel senso che sono super produttivi. Inoltre, al giorno d'oggi, ci sono così tante varietà diverse che puoi coltivare, a seconda di dove ti trovi, quanto spazio hai e che tipo di pomodori desideri. Sta a te decidere se vuoi pomodori grandi perché sono buoni da conservare, o pomodorini più piccoli che puoi mangiare freschi. Ci sono così tante varietà diverse che puoi scegliere quella che vuoi.

## BARBABIETOLA D'ARGENTO O BIETOLA

Il prossimo ortaggio che dovresti iniziare a coltivare è la barbabietola d'argento. La bietola è una scelta comune perché è una foglia verde che può essere coltivata tutto l'anno. La cosa migliore della bietola è che ha foglie grandi. Per questo motivo, può crescere praticamente in una posizione piena d'ombra. Anche se hai un piccolo spazio che non prende affatto il sole, puoi comunque piantare delle barbabietole argentate ed essere in grado di coltivarle per mangiarle.

## ASPARAGI

L'asparago è un ortaggio che richiede più pazienza del solito per crescere, poiché non inizierà a produrre per 2-3 anni dopo la semina. Successivamente, tuttavia, puoi avere germogli di asparagi fino a 20 anni, o più, quindi vale la pena aspettare un po'!

Vive meglio nelle zone che hanno inverni lunghi e freddi, poiché è un raccolto precoce della stagione fredda.

## BROCCOLI

Questo ortaggio si raccoglie a stagione fredda, può germogliare a temperature fino a 4 gradi C, è un inizio ideale e anticipato per il tuo orto.

Per la pianificazione all'inizio della primavera, piantare semi o piantine 2-3 settimane prima delle ultime gelate primaverili. Per le piante autunnali, piantare circa 80-100 giorni prima delle prime gelate invernali.

## FAGIOLINI

I fagiolini sono un'ottima aggiunta a qualsiasi tavola, se raccolti ancora giovani, possono essere uno spuntino gustoso direttamente dalla pianta.

Non è una pianta adatta da trapiantare come piantina; è meglio seminare i fagiolini direttamente nel terreno, subito dopo l'ultimo gelo della primavera, quando la temperatura del suolo è di circa 10 gradi C.

Pianta i semi a circa 3 cm di profondità e 3 cm di distanza. Assicurati di avere un traliccio o delle canne in posizione per sostenere le tue piante mentre crescono; possono essere coltivate 4-8 piante per metro quadrato. Piantali a 2-3 settimane di distanza, se desideri un raccolto regolare durante la stagione.

## CAVOLINI DI BRUXELLES

Questo è il tipo di verdura che ami o odi! A quanto pare, tutto si riduce a un enzima nelle papille gustative. Si ritiene inoltre che possiedano potenti proprietà anti-cancro, solo per questo motivo, consiglierei di includerli nei tuoi piani per l'orto.

Pianta i semi in casa a circa 1,5 cm di profondità e 5-7 cm di distanza, circa 6 settimane prima dell'ultimo gelo di primavera. Sfoltisci i più deboli e trapiantali nel tuo orto; 1 pianta per quadrato.

## CETRIOLI

I cetrioli sono un altro raccolto che continua a produrre cibo per te, finché continui a raccoglierlo. È un ortaggio che ha bisogno di molto spazio, ma ci sono così tante varietà là fuori, e sono molto compatte., come il "doppia resa" e il "mini Liebanese". In realtà sono piante piuttosto compatte, quindi anche se tu vivi in un appartamento e hai solo un po' di spazio sul balcone con un po' di sole, puoi coltivare i cetrioli in un contenitore, usando un graticcio per mantenerlo un po 'più ordinato.

## ZUCCHINI

Le zucchine sono molto simili al cetriolo, solo che sono molto più compatte. Tuttavia, finché gli dai un po 'd'acqua, amore e attenzione, produrranno frutti per te. Puoi effettivamente raccogliere molte zucchine per ogni singola pianta.

## PISELLI
I piselli sono super facili da coltivare. Puoi letteralmente comprare un paio di semi, metterli nel terreno ed essere praticamente sicuro di ottenere dei piselli come ricompensa. Il motivo principale alla base di questo è che i piselli non hanno davvero bisogno di alcun fertilizzante, tranne forse un po' di potassio. Poiché i piselli sono in realtà un legume (il che significa che possono fissare il proprio azoto con l'aiuto di alcuni batteri nelle loro radici), possono fissare l'azoto che si trova nell'aria e usarlo in una forma utilizzabile dalle piante per aiutarli a crescere . Inoltre, aggiungono azoto al tuo terreno, motivo per cui dovresti coltivarli con verdure a foglia verde come la bietola.

## CAVOLO
Il cavolo è un po' come la bietola, tranne per il fatto che cresce meglio in inverno e produce così tante verdure a foglia verde per te durante il periodo invernale. In realtà c'è molto di più che puoi fare con il cavolo riccio, in particolare se lo raccogli quando le foglie sono giovani. Il cavolo ricco è super tenero e delizioso quando lo prendi giovane e inoltre puoi ottenerne un raccolto ampio.

## ZUCCA
Anche la zucca è una buona opzione, soprattutto per un coltivatore principiante. Se pianti zucche, hai bisogno di molto spazio, perché crescono letteralmente in orizzontale; crescono così velocemente che quando iniziano a produrre i frutti, otterrai molte zucche. Quando le cogli, possono effettivamente essere conservate per quasi un anno e persino più di un anno

se sono conservate correttamente. In questo modo, avrai un sacco di zucca fresca tutto l'anno.

# Capitolo - 3
## PIANIFICA IL TUO ORTO ORGANICO

### LE BASI PER LA PIANIFICAZIONE DI UN ORTO ORGANICO

Lascia che ti dia quattro semplici passaggi per pianificare il tuo orto.

### IL POSTO PERFETTO

La prima cosa è trovare un punto che abbia almeno 6-8 ore di luce solare perché più luce solare ha il tuo orto, meglio sarà. Potresti già sapere che la maggior parte delle verdure ama la piena luce solare. Più luce solare ricevono, più sani saranno, il che significa che saranno più resistenti agli insetti e alle malattie. Ora, se non riesci a trovare un punto che abbia la piena luce solare, non preoccuparti troppo. Puoi ancora coltivare verdure a foglia come spinaci e lattuga, che sono molto più tolleranti all'ombra.

## TESTA IL TUO TERRENO

Ora, il suolo può essere un argomento piuttosto complicato, quindi farò' del mio meglio per semplificare le cose te. Fondamentalmente, i nostri orti saranno buoni quanto il nostro terreno lo sarà. Se abbiamo un terreno cattivo, le nostre verdure ne soffriranno. Il primo test che puoi eseguire è un test del pH, che puoi ritirare presso il tuo negozio di agraria locale. Cerca un pH che sia vicino al neutro. Gli estremi del PH sia superiore che inferiore non sono una situazione ideale.

Se hai un terreno altamente acido, aggiungi un po' di lime da giardino nel terreno per aumentare il pH, più vicino al neutro. Se hai un terreno molto basico, ti consigliamo di aggiungere un po' di acidificante per aiutare ad abbassare il pH. Dovrai anche controllare la consistenza del tuo terreno; per esempio, se hai un terreno molto sabbioso, dovrai iniziare ad aggiungere un po' di materiale organico, cioè un po' di compost per evitare che sia troppo sabbioso. Questo impedirà all'acqua di defluire troppo rapidamente. Se hai un terreno argilloso molto pesante che trattiene l'acqua per molto tempo e rimane inzuppato, dovrai aggiungere alcune cose per sistemarlo. Un'altra cosa davvero intelligente da fare è aggiungere un buon fertilizzante inizialmente, poi aggiungi molti microbi buoni e micorrize al tuo suolo. Inoltre, se è organico, è meglio, significa che è più lento da abbattere e nutre meglio le tue piante. Pertanto, le tue piante avranno qualcosa di cui nutrirsi più a lungo.

## DECIDI COSA VUOI PIANTARE

Questa è la parte migliore del fare l'orto perché puoi scegliere cosa coltivare. Vorrei incoraggiarti a rimanere fedele alle basi e iniziare in piccolo, soprattutto se sei un ortolano principiante, e coltivare cose che la tua famiglia mangerà davvero. È facile lasciarsi trasportare quando si è al garden center a guardare tutti i semi e gli ortaggi, ma in realtà la maggior parte di noi non ha tempo per prendersi cura di un orto. Pertanto, puoi partire dalle basi e magari aggiungere una o due cose nuove e diverse ogni anno. Tieni presente che alcuni tipi di colture, come pomodori e peperoni, produrranno per molto tempo durante tutta la stagione. Nel frattempo, altri tipi di colture, come mais e carote, produrranno solo una volta. Ciò potrebbe fare la differenza su quanto spazio pianifichi per ogni tipo di raccolto.

## PIANIFICA IL TUO SPAZIO

Per il tuo layout, ci sono due approcci di base. Si pianta in file che è un modo più intenso di coltivare, oppure a metro quadrato. Il vantaggio di piantare in file è che è molto più facile contenere le erbacce, poiché c'è molto più spazio per usare utensili manuali e talvolta piccole attrezzature (come piccole motozappe) per controllare le erbacce stesse. Lo svantaggio è che occupa un'area di buone dimensioni a causa di tutto lo spazio tra ogni fila. Quindi, lo spazio per te scarseggia.

## DECIDI DOVE PIANTARE IL TUO ORTO

Se stiamo per avviare un orto, la prima cosa che dobbiamo fare è scegliere un luogo per il nostro orto. È abbastanza facile guardare fuori dalla finestra nel cortile di casa e dire che hai capito, ma in realtà non è così semplice. Nel tuo cortile, ci sono dozzine di posti in cui puoi piantare il tuo orto a seconda di come sono gli spazi, o di come lo posizioni, e anche delle dimensioni del tuo cortile. Ogni possibilità è tecnicamente fattibile nel tuo cortile, ma le posizioni non sono tutte uguali. Alcuni sono migliori di altre e alcune sono decisamente inadatte al giardinaggio.

## LE DIMENSIONI DELL'ORTO

Se vivi in un appartamento, hai solo un'opzione per un orto, che è praticare il giardinaggio in container. Per fortuna, ci sono molte opzioni per l'orto in container e rimarrai sorpreso dalle dimensioni del raccolto che puoi produrre.

Se vivi in periferia o in una città con un cortile di medie dimensioni, il tuo orto sarà facilmente accessibile da casa tua. Anche se il tuo cortile è sul lato più piccolo, dovresti essere in grado di piantare un orto abbastanza grande se pratichi il giardinaggio al metro. Con questo metodo di giardinaggio, puoi massimizzare il tuo spazio dell'orto e la resa del raccolto con un po' di pianificazione extra.

## ESPOSIZIONE SOLARE

Alcune piante hanno bisogno di ombra. Tuttavia, la maggior parte delle colture richiede un'ampia esposizione al sole. A meno che tu non stia pianificando di coltivare piante resistenti all'ombra, devi assicurarti che il luogo che scegli per l'orto possa ricevere un minimo di sei ore di piena luce solare al giorno.

## ESPOSIZIONE AL VENTO

I forti venti possono danneggiare in modo significativo un giardino rompendo le piante e portando via il prezioso e nutriente terriccio di un'aiuola. Pertanto, cerca di trovare un luogo per fare l'orto che non sia eccessivamente ventoso. Se non puoi evitare di piantare in un luogo resistente al vento o vivi in una zona molto ventosa, dovresti pensare a costruire un frangivento per il tuo orto.

## TROVA LE CARATTERISTICHE DELLA TUA ZONA

Quando si pianta, è meglio scegliere piante native della propria zona. Queste piante sono specie non invasive progettate per crescere bene dove vivi. Puoi trovare facilmente queste piante cercando su internet. In questo modo, puoi facilmente trovare quali piante crescono bene nella tua zona in base alle temperature e ad altri fattori.

## CREA UNA LISTA DEI PREFERITI PER IL TUO ORTO

Dopo aver conosciuto la tua zona di rusticità, crea un elenco di tutte le piante nella tua zona che speri di crescere. Questo include verdure, frutta, erbe e fiori. Alcune piante sono annuali (crescono anno dopo anno), mentre altre sono perenni (muoiono alla fine di ogni stagione). Dovresti organizzare la tua lista tra queste due categorie in modo da poter decidere più facilmente dove piantare tutto.

**CREA UNA MAPPA DELL'ORTO**

Misura lo spazio esatto del giardino che utilizzerai, quindi crea una mappa in scala su carta millimetrata. Quando crei questa mappa, puoi creare un layout di dove pianterai tutto, mentre lo fai, dovrai sapere esattamente quanto spazio richiederà ogni pianta, questo di solito lo puoi trovare nei cataloghi di semi biologici e nei pacchetti di semi.

**PROGRAMMA QUANDO PIANTARE IL TUO ORTO**

Il catalogo di semi che acquisti dovrebbe contenere dettagli su quando i tuoi semi dovrebbero germogliare ed essere trapiantati. Ciò sarà influenzato dalla data locale in cui non ci saranno più le gelate. Devi assicurarti di piantare dopo questa data, altrimenti le piantine moriranno.

**SCEGLI DOVE PIANTARE IL TUO GIARDINO**

Scegliere dove piantare il tuo giardino è importante quanto scegliere il tuo terreno e i tuoi semi perché il tuo sito determinerà la quantità di luce solare e il flusso d'aria che il tuo giardino riceve. Ricorda, la maggior parte delle piante vegetali richiede un minimo assoluto di sei ore di luce solare al giorno. Se stai pianificando di coltivare in contenitori su un balcone o un patio, non hai molte decisioni da prendere quando si tratta di scegliere un sito. Per coloro che stanno progettando di piantare un orto tradizionale o con aiuola rialzata, prima fai qualche considerazione.

## DISEGNA (E CANCELLA) IL PROGETTO DEL TUO ORTO

La cosa bella della progettazione di un orto è che quando la fai prima su carta, puoi cancellarla e ridisegnarla a tuo piacimento prima di costruire o piantare anche una singola pianta. Se non sei un granché come disegnatore, non disperare! Non è necessario che il tuo disegno sia quasi perfetto, a patto che tu lo abbia misurato per assicurarti di avere una prospettiva adeguata. Se si insiste nell'ottenere linee perfettamente diritte e misurazioni corrette, si consiglia di utilizzare un software o un'applicazione gratuite di pianificazione del layout dell'orto o del giardino. Molti possono essere trovati online. Personalmente, trovo che la connessione tra design e realtà sia più tangibile quando prendo carta e matita per abbozzare le cose da solo.

## LASCIA STARE IL CATALOGO DELLE SEMENTA

Sarai entusiasta quando avrai deciso di coltivare un orto vegetariano. Quando avrai collezionato un carico di cataloghi di semi dai fornitori locali, la prima cosa che puoi fare lasciarli stare e non pensarci per la prossima mezz'ora.

Quello che succede è che quando guardi i cataloghi di semi, vedi tutte le belle fotografie e pensi: "Avrò quella e mi piace quella". Quindi, prima che tu te ne accorga, avrai speso diversi euro per comprare molti semi di diversi tipi, la maggior parte dei quali produce cibo che probabilmente non mangeresti nemmeno, o che sicuramente non saresti in grado di coltivare.

## CONDIZIONI DI CRESCITA

Dopo aver fatto quella lista, vorrai vedere quali sono le migliori condizioni di crescita per quello che hai scelto e quanto spazio hai bisogno per ogni pianta. Puoi seminarli direttamente all'aperto, perché il 75% degli ortaggi medi che la maggior parte delle persone coltiva nei loro orti, può essere piantato e seminato direttamente all'aperto. Ti consiglio, se sei un novizio, di utilizzare questo metodo, poiché è molto meno fastidioso e non devi pensare a piantare tutti questi semi in casa. Basta guardare il pacchetto di semi e seminarli direttamente all'esterno. Con un po' di fortuna, cresceranno.

Disegna un piano in cui dai la priorità alle verdure che vuoi coltivare. Annota cosa e quando la devi piantare; quanto spazio ti serve; e quando le piante dovranno essere raccolte. Dopo averlo annotato sul calendario della semina, puoi persino metterlo visivamente sulla mappa.

## CONSIGLI QUANDO INIZI A FARE L'ORTO
## LUCE DEL SOLE

La prima cosa che devi capire quando stai cercando di iniziare un nuovo orto è dove lo vuoi fare. Devi prestare attenzione al tuo orto, soprattutto a dove c'è più luce solare. In generale, la maggior parte delle colture che coltiverai andrà bene in pieno sole. Alcune colture, come le verdure a foglia verde, andranno bene in aree parzialmente ombreggiate, ma generalmente tutto crescerà abbastanza bene in pieno sole, con pochissime eccezioni.

## COSA FAR CRESCERE

Ora devi decidere cosa farai crescere. In generale, le persone, in particolare i nuovi ortolani amatoriali, vogliono andare al negozio di semi e guardarli tutti, dopodichè sceglierne un sacco perché dalle foto sembrano davvero buoni. Non c'è niente di sbagliato nel provare cose nuove, ma ti ripeto di rimanere concentrato sulle cose che mangi o che vorrai mangiare; sugli ortaggi da cui puoi ottenere il massimo e anche da quelli che puoi conservare.

## DOVE SEMINARE

Una volta che hai i tuoi semi, è ora di capire quali devi seminare al coperto e quali puoi seminare direttamente nel terreno. Questo varia a seconda di dove vivi. Se ad esempio non inizi presto a seminare i pomodori e i peperoni, probabilmente non otterrai un raccolto molto buono. Se ti trovi nei climi più caldi invece, non devi preoccuparti troppo di questo; probabilmente puoi iniziare a seminare molti dei tuoi semi direttamente nel terreno a marzo o aprile.

## SPAZI DELL'ORTO

Ora è il momento di preparare lo spazio per il tuo orto. Ci sono tanti modi diversi per farlo ma, prima, devi prendere una decisione: farai l'orto nelle aiuole rialzate o farai un orto tradizionale? Ci sono molti vantaggi per entrambi. Il giardinaggio tradizionale è facile per iniziare; puoi coltivare un piccolo pezzo di terreno con una pala, un rastrello o una motozappa e poi iniziare a fare l'orto.

## TERRENO

In che tipo di terreno puoi semplicemente seminare senza fare niente prima? Dobbiamo fare qualcosa per il tuo terreno? Ti consiglio sicuramente di aggiungere qualche tipo di concime al tuo terreno, sia che tu stia per fare una miscela di terreno in un letto rialzato, o semplicemente un orto tradizionale con la lavorazione del letame e altra materia organica. Non è necessario per forza far analizzare il terreno o altro, ma, in generale, più materia organica c'è, meglio è.

## CONCIME

Se non hai mai provato a fare un cumulo di compost, adesso è il momento di farlo. È uno dei modi più semplici ed economici per procurarti un terreno davvero buono. Ogni anno, puoi utilizzare scarti di cucina, rifiuti di giardino, ritagli di alberi, foglie o qualsiasi cosa tu abbia intorno a te in un metodo di compostaggio molto semplice, senza contenitori o barili fantasiosi. Prendi una sezione del tuo giardino e crea una pila con questi materiali.

## COME PREPARARE IL TERRENO

Questa è la parte più difficile della coltivazione delle proprie verdure. È un lavoro duro scavare il terreno e capovolgerlo. È ancora più difficile se hai erba o rocce nel punto in cui desideri avere il tuo orto. Nel caso in cui ci sia erba, ad esempio, dovrai togliere l'erba, metterla nella carriola e portarla nel cumulo di compost nel tuo giardino e eliminandola.

Il terreno per il tuo giardino dovrebbe essere il più pulito possibile e senza erbacce, rocce o argilla. Se sei bloccato perchè l'argilla è sotto l'erba, puoi capovolgere il terreno con la vanga e aggiungere un po' di terriccio di qualità.

## INIZIA SCAVANDO

Inizia scavando una piccola parte del terreno e continua a salire finché non hai scavato l'intero spazio. L'ideale è farlo un giorno prima della pioggia; non subito dopo una pioggia, altrimenti sarà molto fangoso. Tuttavia, se lo fai dopo che ha piovuto entro un paio di giorni, il terreno sarà molto più morbido e più semplice da curare.

## USA IL TERRICCIO

Quando hai il terreno al punto in cui è stato effettivamente capovolto e tagliato, è privo di ciuffi di terra, ciottoli ed erbacce o erba, puoi quindi aggiungere un paio di sacchi di terriccio all'equazione. Il terriccio è un granello di terra di prima qualità che renderà possibile la coltivazione delle tue piante, in modo ancora più efficace. Puoi anche scegliere un terreno fertilizzante. Ciò consentirà sicuramente anche alle tue piante di prosperare.

**CREA VIE PER CAMMINARE**
Non appena hai finito, puoi creare file tra i punti in cui desideri piantare i tuoi futuri raccolti. Le colture devono salire più in alto di queste file, il che ti consentirà di camminare tra le colture per la manutenzione e consentirà anche alla pioggia di cadere nelle file. Stabilire mini canali di drenaggio nel tuo giardino non è davvero necessario, ma può aiutarti se vivi in un'area dove c'è molta pioggia.

**COSTRUISCI IL TUO ORTO**
**INIZIA A PICCOLO PASSI:**
È facile entusiasmarsi e voler coltivare molte varietà diverse di prodotti, ma se ne prendi troppo, rimarrai insoddisfatto del raccolto. Nel tuo primo anno, inizia in piccolo per fare esperienza e imparare cosa funziona per te, per poi espandere l'orto negli anni successivi. Questo è anche un modo meno costoso per iniziare.

**PIANIFICA COSA COLTIVARE:**
Quando pianifichi cosa coltivare, è molto importante scegliere il cibo che la tua famiglia mangerà e raccolti facili che non richiedono cure particolari. Dovrai anche considerare le condizioni locali, come la stagione, il tempo tipico della tua zona e l'esposizione al sole. Puoi scoprire di più sulla tua zona di coltivazione locale e sulle tipiche prime e ultime date di gelo, effettuando una ricerca online.

**SCOPRI IL MIGLIOR SITO:**
Scegli il sito migliore per il tuo orto, che si tratti di alcuni contenitori, un letto rialzato, una zona soleggiata al

chiuso vicino a una finestra o uno spazio per mettere un giardino verticale. Assicurati di considerare quanta luce solare riceve il sito, in base a ciò che intendi coltivare. Devi anche considerare che il tuo orto sia posizionato vicino a una fonte d'acqua, ai tuoi attrezzi da giardinaggio e alla tua cucina. Per preparare il sito, potrebbe essere necessario rimuovere l'erba, pulire o spostare vecchie piante o riordinare il patio, o se al chiuso fare spazio in un luogo soleggiato.

**FAI UN TERRENO DI QUALITÀ:**
La qualità e la salute del terreno che usi influiscono direttamente sul rendimento delle tue piante. Quando inizi, è importante trovare il terreno giusto e aggiungervi concimi organici nel tempo. Questa è la base per ciò che chiamiamo "costruire il tuo terreno". Evita di utilizzare il terreno dell'orto per i contenitori; non drena bene ed è spesso troppo pesante per contenitori come cesti appesi.

**PIANTARE LE PIANTINE O INIZIARE DAI SEMI:**
Per un principiante, l'acquisto di piantine in un garden center è il modo più semplice per iniziare. Tuttavia, se vuoi coltivare una particolare varietà di verdura che il tuo negozio di orticoltura/giardinaggio non ha, puoi anche iniziare a coltivare le tue piante direttamente dal seme. Quando le piantine saranno abbastanza grandi, le trapianterai nel tuo letto rialzato o in contenitori in modo che possano crescere grandi e forti.

**STABILISCI UN PROGRAMMA SETTIMANALE PER IL TUO ORTO:**

Per avere successo con il tuo orto urbano, devi capire quando avrai tempo per lavorarci. Questo lavoro non deve durare tutto il fine settimana. Tutto ciò di cui hai bisogno sono alcuni minuti qua e là durante la settimana per far andare avanti le cose, e poi un'ora, o giù di lì, nel fine settimana, per svolgere alcune delle attività più lunghe.

**AFFRONTA I PROBLEMI:**

Dovrai affrontare i problemi del tuo orto e avrai bisogno della giusta mentalità per affrontarli e trovare soluzioni. Questo è il motivo principale per cui alcuni principianti smettono. Le piante possono ammalarsi, essere danneggiate dalla fauna locale, lottare nel terreno o nelle condizioni avverse o attirare parassiti. Questo libro ti farà scoprire alcuni problemi e, cosa più importante, ti rivelerà le soluzioni.

**INFORMATI SULLE NORMATIVE LOCALI**

Potresti pensare che coltivare cibo a casa sarebbe qualcosa a cui nessuno opporrebbe obiezioni. Dopotutto, stai facendo una buona cosa, giusto?

Purtroppo non è sempre così facile. Ci sono regole e regolamenti che devi seguire; altrimenti rischi di non poter fare il tuo orto o di essere multato.

Ogni città o comune ha determinati regolamenti che controllano ciò che ti è permesso fare sulla tua proprietà. Questi possono essere: l'altezza della recinzione, edifici accessori, odori, rumori e locali antiestetici. Prima di iniziare il tuo orto urbano, assicurati di informarti sulle norme che ti riguardano.

Se vivi in una comunità con un'associazione di proprietari di case, tieni presente che alcuni non consentono l'uso di orti, nemmeno in giardino. Controlla attentamente le regole e i regolamenti. Se il tuo condominio consente orti, potrebbero essere abbastanza specifici sui tipi di aiuole e contenitori che puoi usare, di modo che il tuo orto non tolga nulla al divertimento dei tuoi vicini o all'estetica dell'intero vicinato.

Se sei in affitto, consulta il tuo padrone di casa prima di scavare l'intero cortile! Potresti essere limitato all'uso di un balcone, un ponte, un patio o uno spazio interno. Se hai un po' di spazio nel cortile, tieni presente che un giorno potresti aver bisogno di muoverti e potresti perdere le tue piante.

Anche se segui tutte le leggi e i regolamenti, a volte la cosa migliore da fare è parlare con i tuoi vicini. Fagli conoscere alcuni dei tuoi piani per la coltivazione del cibo e rispondi alle loro domande e preoccupazioni prima di iniziare. Forse potrebbe venir voglia anche a loro di fare l'orto!

54

# Capitolo - 4
# PIANTARE IL TUO ORTO ORGANICO

**PIANTARE**

Ora sei pronto per iniziare a piantare. Esistono molti modi diversi per piantare vari tipi di verdure. Non ti spiegherò come piantare tutto ma, in generale, la cosa migliore da fare è guardare il retro dei pacchetti di semi; lì troverai informazioni dettagliate su ciò di cui i semi hanno bisognoper crescere, a cosa servono le verdure e come piantarle. Quindi, seguilo e sarai sulla buona strada. Una cosa a cui devi prestare attenzione quando stai piantando è la luce del sole. Se hai intenzione di coltivare un mucchio di cose molto alte come mais o girasoli, non dovrai averle sul lato sud del tuo orto, dove ombreggeranno il resto dei tuoi raccolti. Sul lato nord del tuo orto invece è dove vorrai avere tutte le tue piante più alte. Quelle più corte dovrebbero andare sul lato sud. In questo modo, mentre il sole corre nel cielo, non avrai nulla all'ombra nel tuo orto per più di mezz'ora circa. L'ombra e le ombre si sposteranno nel tuo orto molto rapidamente; saranno molto corte e non avrai problemi con le altre cose che devono ricevono luce solare.

## ACQUISTA LE PIANTINE DA UN VIVAIO

Le piantine sono fondamentalmente le piante vegetali più piccole che puoi acquistare da un vivaio. Questi sono già germogliati dai loro semi e devi solo continuare il processo di cura fino a quando non danno frutti o matureranno. È abbastanza semplice andare a comprare piantine che sembrano belle da qualsiasi vivaio locale. In realtà è molto più facile allevare piantine rispetto che partire dai semi. I giardinieri alle prime armi troveranno molto più semplice e più conveniente iniziare il loro orto con le piantine. Quando inizi il tuo primo orto biologico, molti fattori sono variabili e l'utilizzo di piantine può aiutare a prendersi cura di questi possibili problemi.

## INIZIA DA ZERO CON LE PIANTINE

Iniziare con le piantine è una buona idea per i principianti, dovresti iniziare a lavorare con i semi solo una volta acquisita maggiore esperienza. Devi imparare e migliorare all'avvio del seme, dopo aver imparato a fare l'orto. Dopo la prima volta, dovresti acquistare pacchetti di semi per le piante che desideri e coltivare le piantine o le mini piante da solo. Potresti farlo coltivando i semi in un ambiente controllato come una serra, o semplicemente al chiuso finché le piante non sono pronte per essere trapiantate nell'orto. Questo aiuta a prolungare la stagione di crescita.

Alcune piante necessitano di stagioni di crescita più lunghe, ma questo non è sempre possibile per tutti i novizi. Iniziando con i semi in casa invece, puoi ottenere un vantaggio sulla crescita delle piante che potranno quindi essere trapiantate all'esterno, una volta che il terreno è libero dal gelo. Perché dopo aver fatto esperienza con il primo orto ci sono molti vantaggi nell'iniziare con i semi.

L'acquisto di semi è molto più economico rispetto all'acquisto delle piantine. Puoi acquistare pacchetti interi di semi al prezzo di una singola piantina. Questo rende i semi una scelta più conveniente per qualsiasi ortolano fai da te.

## SEMINA DIRETTA E INDIRETTA PER MAGGIORI RISULTATI

La prossima cosa che vorrai fare è controllare i tuoi pacchetti di semi per vedere quali varietà dovrebbero essere seminate in casa e quali possono essere seminate direttamente in giardino. Se hai intenzione di iniziare con alcuni semi in casa, avrai bisogno di alcuni materiali per renderlo un compito più facile. Questi materiali sono:

- Piccoli contenitori (bicchieri di carta oleata o di plastica, vecchi cartoni del latte o cellule della piantina)

- Grande vassoio impermeabile

- Bastoncini artigianali o per ghiaccioli / pennarello indelebile

- Una buona fonte di luce o una lampada da coltivazione

- Terriccio

- Una paletta

- I tuoi semi

- Acqua

I semi in casa dovrebbero essere seminati alcune settimane prima di volerli trapiantare. È possibile avviare colture con clima fresco a fine febbraio e inizio marzo, per essere trapiantate a fine marzo e all'inizio di aprile. Le colture in climi caldi che devono essere avviate al chiuso dovrebbero essere seminate in aprile e all'inizio di maggio. Questo, ovviamente, presuppone un clima temperato. Se vivi in un clima più caldo o più fresco, dovresti programmare la tua piantagione per sfruttare la stagione di crescita ottimale della tua zona.

Ti consigliamo di piantare i tuoi semi in base alle profondità elencate sul pacchetto di semi stesso. Una volta che hai seminato, assicurati di dare al terreno un buon ammollo. Usa ghiaccioli o bastoncini artigianali per etichettare i tuoi semi, così sai cosa crescerà. Posiziona il vassoio da qualche parte dove l'aria sarà relativamente calda e dove le piantine riceveranno luce man mano che emergono. Se non si dispone di un davanzale o di un tavolino sul lato della finestra, è possibile utilizzare una lampada da coltivazione, che è una luce progettata per emettere i raggi UV di cui le piante hanno bisogno per crescere correttamente.

## SEMINA DIRETTAMENTE I TUOI SEMI

I semi di solito sono molto più facili da far crescere quando li seminiamo in casa, ma non è sempre così. Verdure come carote, rape, mais, fagioli e piselli sono solo alcuni esempi di verdure che non si adattano bene se seminate al chiuso. La ragione per cui queste piante non si comportano bene in casa è che non sono molto brave a gestire lo stress di essere poi trapiantate. Questo è uno dei motivi per cui potresti seminare direttamente i tuoi semi nel terreno. Un altro motivo sono i costi aggiuntivi che sono necessari quando si semina in contenitori al chiuso. Se la tua zona è caratterizzata da estati brevi, allora è anche meglio seminare direttamente i tuoi semi nel terreno per avere tutte le tue verdure nell'orto e pronte ad assorbire i raggi del sole.

Il primo passo per seminare è decidere quali ortaggi coltivare. Quindi poi acquistare i tuoi semi. Come nel suolo e nei luoghi chiusi, tutti i semi non sono creati uguali. Ci sono alcune specie di verdure, come le cipolle o il mais, che hanno semi che vanno a male dopo un anno circa. Cavolo e carote sono tra le varietà che possono durare fino a cinque anni, mentre i semi di barbabietola e cetriolo possono effettivamente durare molto più a lungo di cinque anni. Quando acquisti i tuoi semi, acquista da un rivenditore di fiducia che non proverà a venderti il vecchio stock. Se acquisti semi in un pacchetto, controlla l'etichetta per vedere quando sono stati raccolti. Se li acquisti all'ingrosso o direttamente da un collega ortolano, dovrebbero essere in grado di fornirti queste informazioni. Se non possono farlo, è nel tuo interesse evitare di effettuare l'acquisto. I semi di bassa qualità si tradurranno in un rapporto molto peggiore di piantine per seme piantato e qualsiasi denaro che potresti aver risparmiato andrà come buttato dalla finestra quando avrai un raccolto deludente.

Dopo aver acquistato i semi, probabilmente dovrai aspettare un po'. Anche se senza dubbio sarai entusiasta di mettere i tuoi semi nel terreno, è importante in primo luogo assicurarsi che il terreno sia pronto per ricevere i semi. Affinché il terreno sia pronto per la semina devono essere presenti due fattori.

A seconda del periodo dell'anno, il terreno potrebbe non essere ancora abbastanza caldo per i semi. Per capire qual è la temperatura delle aiuole o del terreno, dovrai acquistare un termometro per il suolo. Puoi trovarne uno nella maggior parte delle catene di vendita al dettaglio, ma è meglio sceglierne uno di alta qualità dal tuo centro di giardinaggio locale o acquistarne uno su Amazon. Sebbene tu possa giudicare se il momento sia giusto o meno, sulla base di una singola lettura della temperatura, è meglio misurare la temperatura del suolo in momenti diversi durante la giornata. In questo modo avrai un'idea molto migliore di come la temperatura possa fluttuare. Potresti scoprire che è abbastanza caldo a mezzogiorno, ma la mattina e la sera è ancora troppo fredda. Tieni presente che la temperatura che stai cercando sarà determinata da ciò che vuoi far crescere; non esiste una temperatura adatta a tutte le verdure. Non esiste nemmeno una temperatura adatta a tutte le sottospecie di un vegetale. Alcuni tipi di lattuga richiedono solo che il terreno sia di 5 ° C per essere pronto per la semina, mentre altri richiedono che sia più vicino a 30 ° C. Cerca sempre di sapere per i semi che stai per seminare a quale temperatura germinano. C'è una ragione molto importante per assicurarti che i tuoi semi siano alla giusta temperatura. Torneremo su questo dopo aver esaminato il secondo fattore del terreno.

**METTI LE RADICI NEL TERRENO**
Quando è il momento di trapiantare le tue piantine da interno, non vorrai fargli prendere uno shock portandole dalle loro belle case calde per metterle nel terreno freddo. Dovresti portarli fuori per le "gite" sul campo in una pratica nota come "indurimento". Dovresti passare alcuni giorni a portare le piantine fuori durante il caldo della giornata per esporle all'aria aperta e riportarle dentro di notte. Dopo circa una settimana, puoi lasciarli stare fuori la notte, purché non ci sia un gelo o un avviso di congelamento. Quando hanno trascorso alcuni giorni in "campeggio", è tempo di metterle nelle aiuole o nei o contenitori.

Il trapianto può rendere un po' nervoso anche il giardiniere più esperto, sia che abbia acquistato piantine che hanno bisogno di essere trapiantate nel terreno, sia che stia piantando le piantine che ha coltivato all'interno, sin dalla germinazione. Non deve essere snervante, ma richiede un tocco delicato. Non vuoi fare nulla che danneggi le fragili radici delle tue giovani piante. Devi prima scavare le buche, in base alla spaziatura consigliata per la varietà della tua pianta, e poi è il momento di piantare.

Quando trapianti, non strappare le piantine dai loro

contenitori. Dagli un leggero movimento, afferrando la pianta alla base dello stelo, dove sta emergendo dal terreno. Se necessario, puoi tagliare il contenitore con le tue cesoie. Una volta che le piantine sono libere, mettile in posizione e delicatamente, ma premi saldamente il terreno attorno allo stelo, assicurandoti che la pianta sia in posizione verticale. Una volta che hai messo le tue piantine in posizione, dai loro un abbondante bicchiere d'acqua. Dovresti anche annotare le date del trapianto nel diario dell'orto. Non dimenticare di scrivere anche un'etichetta adatta per stare all'esterno.

## PACCIAMATURA O NO?

Ah, la pacciamatura. Per la maggior parte delle persone, questo termine richiama immediatamente alla mente i trucioli di legno di vari colori. Anche se è vero che i trucioli di legno possono fare un ottimo pacciame, non sono l'unica cosa che funziona bene negli orti, e infatti, si potrebbe sostenere che dovrebbero essere l'ultima scelta ai fini della coltivazione del cibo. Questo perché gli orti devono essere rivoltati dopo la stagione del giardinaggio, e mentre i trucioli si decompongono in modo organico, non avviene rapidamente e un po' di legno può sanguinare composti come i tannini, che possono influire negativamente il pH del terreno.

Per i giardini in vaso, è improbabile che utilizzerai il pacciame perché innafferai frequentemente e non avrai a che fare con tutte le erbacce che vedresti in un orto tradizionale o rialzato. Ad alcune persone piace usare la pietra decorativa per coprire il terreno dei contenitori, ma questo serve più a uno scopo estetico che come pacciame. Ma per aiuole rialzate e orti tradizionali, il pacciame può essere un vero toccasana. Il pacciame protegge le radici e il suolo, aiuta a trattenere l'umidità e funge da barriera contro le erbe infestanti. Ci sono diverse opzioni che potresti provare, a seconda del tuo budget e delle tue preferenze personali.

Se il tuo prato è relativamente privo di erbacce, l'erba tagliata può essere un pacciame perfetto per il tuo giardino. È un prodotto di scarto che stai già creando quando falci, quindi riproporlo come pacciame è un ottimo modo per far lavorare i tuoi ritagli. Stendere un sottile strato di erba tagliata nel tuo orto proteggerà le tue piante e il tuo terreno, e quando la stagione sarà finita, i ritagli possono essere trasformati nel terreno e si decomporranno piuttosto rapidamente.

## SUPPORTO PER LE PIANTE IN CRESCITA

Man mano che le tue piantine crescono, vorrai che rimangano forti e in posizione verticale. Per piante più alte e rampicanti, questo significa che dovrai offrire loro supporto mentre crescono. Se stai conservando lo spazio con il giardinaggio verticale, puoi anche creare supporti economici con legno e spago o corda. È importante che tutte le piante si muovano verso l'alto e non fuori perché non vorrai certo che i gambi o le foglie giacciano a terra dove possono bagnarsi e iniziare a marcire.

Le gabbie delle piante sono strutture in filo metallico, di forma conica e generalmente utilizzate per i pomodori, che possono iniziare a incurvarsi man mano che si appesantiscono dei frutti. Queste sono meravigliose per lo scopo previsto, ma possono anche essere capovolte e usate come una struttura simile a un tepee (tenda indiana) per far salire altre piante pesanti come zucca, cetrioli e meloni.

In effetti, le forme del tepee e del treppiede sono un ottimo modo per far attaccare molte piante rampicanti, offrendo stabilità sul fondo e un bel display quando le piante iniziano a fiorire. È facile realizzare una struttura del genere legando o avvitando insieme tre o quattro strisce metalliche e posizionandole nell'orto affinché le tue piante possano arrampicarsi. Legumi e cucurbitacee, che includono fagioli, piselli, cetrioli e altre piante simili, emettono viticci ricci che si aggrapperanno a qualsiasi superficie disponibile man mano che crescono.

## COME FERTILIZZARE L'ORTO

Il fertilizzante è un elemento importante per assicurarti che le tue verdure crescano sane e forti. Tuttavia, molte persone pensano che il fertilizzante sia una sorta di pozione magica per le piante. Ciò si traduce in due idee non esatte. Alcune persone pensano che il fertilizzante risolva tutti i problemi; invece di identificare problemi come l'irrigazione eccessiva o la scarsa temperatura, questi ortolani aumentano la dose del loro fertilizzante e si aspettano che le loro piante inizino improvvisamente a tornare sane. L'altro problema è credere che più fertilizzante sia sempre una buona cosa. Questo semplicemente non è vero; in effetti è vero il contrario. Le piante che sono sovralimentate possono bruciarsi assorbendo troppi nutrienti, ma più spesso, troppo fertilizzante altera il livello di pH del terreno e rende le piante incapaci di assorbire i nutrienti. Per evitare questi problemi, dovresti sempre attenersi alle indicazioni stampate sulle etichette di qualsiasi fertilizzante che stai utilizzando e dovresti informarti sui fertilizzanti in generale.

In alternativa, puoi continuare a leggere per avere tutte

le informazioni necessarie per nutrire adeguatamente le tue piante.

Puoi mescolare il tuo fertilizzante se lo desideri, ma questo non è raccomandato per i principianti. È meglio acquistare un fertilizzante che è già stato formulato per soddisfare le tue esigenze. Ciò non solo garantisce che ciò che stai utilizzando faccia ciò che desideri, ma ti fornirà anche indicazioni sul suo utilizzo. Sfortunatamente, anche l'acquisto di un fertilizzante può creare un po' di confusione. Mentre guardi i sacchetti o le bottiglie di fertilizzante, vedrai un mucchio di numeri che sono diversi su ogni sacchetto. Questo può intimidire alcune persone perché pensano istintivamente che significhi che dovranno fare i conti, ma per fortuna la realtà è molto più semplice.

Lo scopo di questi numeri è quello di far sapere rapidamente e chiaramente ai giardinieri quanto azoto, fosforo e potassio ci sono in un sacchetto. Come abbiamo visto nell'ultimo capitolo, questi sono i tre principali macronutrienti di cui abbiamo bisogno per fornire le nostre piante. Quando parliamo di fertilizzanti, usiamo spesso termini come "NPK equilibrato". Ciò significa che l'azoto (N), il fosforo (P) e il potassio (K) sono in rapporto uguale tra loro. Il più delle volte questo è ciò che vogliamo dal nostro fertilizzante, soprattutto se sei un novizio. Alcuni coltivatori possono utilizzare un fertilizzante azotato pesante (20:10:10) o uno leggero azotato (10:15:15). Questo livello di messa a punto richiede una buona conoscenza delle esigenze delle piante e del modo in cui reagiranno. I coltivatori esperti sono in grado di fare delle scelte perché comprendono sia: come "ascoltare" le proprie piante, sia cosa fa ciascuno dei macronutrienti.

L'azoto viene utilizzato per aiutare la pianta a crescere. Mentre le radici traggono qualche beneficio da questo, sono le foglie e il fogliame che ottengono la maggiore spinta. Puoi identificare una mancanza di azoto in una pianta dal modo in cui le sue foglie diventano gialle autunnali, mentre il resto della pianta si schiarisce e assume una sfumatura di verde malaticcio. Ma mentre una pianta ha bisogno di azoto, morirà se ne prende troppo. Il fosforo, d'altra parte, è molto più coinvolto nella crescita di radici e frutti. Troppo poco e le tue piante produrranno una scarsa resa, o addirittura non riusciranno a raggiungere le dimensioni normali. Infine, il potassio viene utilizzato per scopi più esoterici, come i vari processi chimici che avvengono all'interno della pianta. Le foglie gialle e l'incapacità di crescere derivano da una quantità insufficiente di potassio, che è un grave problema in quanto può essere facile da diagnosticare in maniera errata una carenza di potassio come una carenza di azoto o fosforo.

Esistono due modi per applicare il fertilizzante. La maggior parte dei giardinieri che hanno un orto da interni o aiuole rialzate usa un fertilizzante liquido. Questo si ottiene acquistando, o una miscela liquida che viene diluita con acqua, oppure una miscela di materie prime che viene poi sciolta in acqua. Questo viene spruzzato o versato sul terreno intorno alle piante. Tuttavia, molti ortolani all'aperto preferiscono optare per un fertilizzante solido che viene miscelato nel terreno stesso. Un modo per farlo è mescolare il fertilizzante con il terreno mentre fai le file, ma prima che sia stato piantato qualcosa. Quando viene fatto in questo modo, il fertilizzante viene miscelato per essere distribuito su tutto il terreno, ma sotto i pochi piedi superiori in modo che le radici delle piante possano trovarlo mentre crescono. Un altro modo è versare una linea di fertilizzante lungo il lato della fila.

Il modo migliore per determinare la frequenza e la quantità di fertilizzante da dare alle tue piante è seguire le istruzioni sulla confezione. Molti giardinieri inizieranno a darlo alle loro piante con un dosaggio inferiore per vedere come rispondono, prima di mescolarlo per essere più forte fino a quando non sarà al livello raccomandato sulla confezione.

Va notato che i fertilizzanti solidi non devono essere utilizzati su base settimanale. Questa è la pianificazione per un fertilizzante liquido, che consiglio ai principianti perché è più difficile sbagliare con quest'ultimo. Potresti sovralimentare le tue piante, ma fintanto che segui le istruzioni, è improbabile che lo farai. Tuttavia, un fertilizzante solido può rivelarsi dannoso per le tue piante poiché il contatto diretto con le radici, mentre sono ancora giovani, potrebbe effettivamente uccidere le tue piante. Se usi un fertilizzante liquido e stai attento a seguire le istruzioni, e questo non sarà un problema per te. Puoi sempre iniziare a sperimentare altri tipi di fertilizzanti dopo aver avuto un'idea di come un fertilizzante cambia il livello di pH del terreno e influenza le tue verdure. Ricorda solo di non applicare il fertilizzante direttamente alle piante, ma piuttosto al terreno intorno a loro.

# Capitolo - 5
## CRESCITA DELL'ORTO

**IRRIGAZIONE/ANNAFFIATURA DEL TUO ORTO**

E tutti sanno che le piante hanno bisogno di acqua, anche se sembra che non tutti si rendano conto di quanta. L'idrogeno è uno dei macronutrienti di cui le piante hanno bisogno per vivere, ma troppo idrogeno provoca marciume radicale e fa ammalare le piante.

Troppa poca acqua le fa ammalare, anche se in genere è meglio sbagliare per troppo poco che per troppo.

Come abbiamo detto, le tue piante usano segni visivi per comunicarti le loro esigenze. Uno dei modi chiari in cui le piante ci dicono che hanno bisogno di acqua è iniziare ad appassire. Tuttavia, prima di annaffiarle, devi assicurarti che il motivo per cui stanno appassendo sia davvero la mancanza di acqua. Se noti che le tue piante appassiscono intorno a mezzogiorno, evita di annaffiarle subito. Questa è l'ora del giorno in cui il sole è più caldo e potrebbe essere il calore a causare l'appassimento. Aspetta un paio d'ore e vedi se le tue piante si riprendono quando la temperatura si raffredda. Se non lo fanno, probabilmente hanno bisogno di essere annaffiate. Se si riprendono, l'avvizzimento era in realtà una parte del modo in cui le piante resistono al loro ambiente. L'appassimento di mezzogiorno della pianta è l'equivalente delle persone che sudano molto con il caldo.

Il motivo per cui vuoi assicurarti che le tue piante non appassiscano a causa della mancanza d'acqua, ma solo per il caldo di mezzogiorno, è per non innaffiarle eccessivamente. Le tue piante ti daranno chiari segni che sono sott'acqua, ma i segni di eccessiva irrigazione possono essere facilmente persi se non li cerchi aon attenzione. Anche troppa acqua può far appassire le tue piante, quindi ricordati di controllare il terreno prima di annaffiare. Un altro segno è che le foglie della pianta inizieranno a diventare di un colore brunastro e poi appassiranno. Ovviamente, immergere la tua pianta sott'acqua può anche ucciderla facilmente, ma la maggior parte dei giardinieri non ha problemi per questo. È l'eccessiva idratazione che fa il danno maggiore, specialmente ai principianti che non hanno fatto le loro ricerche. Già mille volte in questo libro è stato detto: se vuoi essere un professionista della coltivazione, devi abituarti a fare ricerca. Non ci vuole poi così tanto tempo e può impedirti di fare scelte letali per le tue piante.

La frequenza con cui dovresti innaffiare le tue verdure sarà determinata da quattro fattori: il terreno che stai utilizzando, la temperatura del clima locale, se le tue verdure stanno ottenendo la piena luce solare o l'ombra e le specie di verdure che stai coltivando. Spesso, puoi unire questi ultimi due fattori insieme perché un vegetale ha bisogno di una quantità specifica di luce solare o di ombra. Discuteremo di come interagiscono questi fattori, prima di passare a spiegare a che è ora dobbiamo annaffiare e come annaffiare adeguatamente le tue piante.

## TOGLIERE LE ERBACCE (APPROFONDIMENTO)

Quando si tratta di manutenzione, probabilmente avrai notato che concimare e annaffiare il tuo giardino non è un lungo lavoro. Dovrai concimare solo una volta alla settimana e innaffiare solo circa due volte a settimana (un po' di più d'estate). Sarebbe bello se coltivare le tue deliziose verdure fosse così facile, ma la vera difficoltà arriva nel diserbo del tuo giardino.

Le erbacce sono semplicemente piante che si diffondono e crescono naturalmente e non appartengono al tuo orto. Le erbacce sono notoriamente piante a crescita rapida e possono prendere il sopravvento molto rapidamente sul terreno, se non controllate. Quindi rubano energia dalle tue piante usando i nutrienti e l'acqua che normalmente sarebbero usati dalle tue verdure. Le erbacce grandi, in grande quantità, sono anche in grado di impedire ai raggi di luce di arrivare alle tue piante. Tutto sommato, il loro scopo è lasciar morire le tue piante e prendere il controllo dell'orto per avere il sole tutto per loro. Se vuoi avere qualche possibilità di fermarle, devi imparare a identificarle non appena nascono. Le erbacce sono facili da affrontare quando sono nelle prime fasi di vita, ma se non le togli in questa fase, dovrai combattere una lunga battaglia.

Acquisisci familiarità con le erbacce comuni della tua zona. Anche se potresti essere in grado di scoprirlo su Google, la soluzione migliore è andare al tuo centro di giardinaggio locale e parlare con uno dei dipendenti/esperti. Saranno in grado di darti informazioni specifiche su un'area, in modo che tu sappia esattamente quali erbacce dovrai combattere.

## ALTRI CONSIGLI PER MANUTENERE L'ORTO

Sebbene la concimazione, l'irrigazione e il diserbo siano le tre cose fondamentali, ci sono ancora alcune attività di manutenzione che dovrai fare se vuoi mantenere il tuo orto sano. Ci sono anche un paio di attività che dovrai svolgere se vuoi assicurarti che il tuo raccolto proceda senza intoppi e che le verdure stesse siano di alta qualità. Nessuna di queste attività richiederà molto tempo e alcune di esse devono essere eseguite solo una, forse due, per coltura. Ma saltare questi compiti è una cattiva idea perché non farlo, mette a rischio il tuo orto.

Alcuni di questi compiti potrebbero essere considerati come tecniche di controllo dei parassiti e di prevenzione delle malattie, come la rimozione della materia vegetale morta che potrebbe ospitarli.

**Disinfetta gli attrezzi dopo l'uso:** Questo è un compito di manutenzione di buon senso, non crederesti a quanti giardinieri lo ignorano. Il motivo per cui viene ignorato è probabilmente dovuto all'ignoranza e alla mancanza di conoscenza. Come è stato sottolineato in questo libro, le piante sono creature viventi.

**Rimuovi il materiale vegetale morto:** Un altro passaggio che viene spesso dimenticato è la rimozione della materia vegetale morta. Molti ortolani novizi non vedono alcun problema con una materia vegetale morta nei terreni o contenitori. Questo è abbastanza facile da capire; dopotutto, è solo materia che è caduta dalle tue piante, e quindi perché dovrebbero pensare che sia dannosa?

**Regola l'ombra:** Nonostante tu possa coltivare piante che amano la luce solare diretta, potrebbero esserci momenti in cui il calore è troppo per loro. Di fronte a un'ondata di calore, queste piante possono bruciarsi o danneggiarsi.

**Dai un supporto alle tue piante:** Sebbene piante come pomodori, cetrioli o peperoni richiedano un traliccio, ci sono molti altri tipi di verdure che possono trarre vantaggio dall'usarne uno in maniera corretta. Può essere particolarmente utile utilizzare il traliccio su piante che hanno molto fogliame. Queste piante tendono a fuoriuscire e allungando le foglie in lungo e in largo.

## RACCOLTO E CONSERVAZIONE

Siamo finalmente arrivati al momento più emozionante per ogni nuovo novizio ortolano. Finalmente sei arrivato al raccolto. Sei riuscito a seminare i tuoi semi, portarli alla maturità e mantenerli in vita attraverso un'attenta manutenzione. Stai ora guardando un giardino pieno di verdure dall'aspetto bello e gustoso che non vedi l'ora di raccogliere.

Solo, c'è un piccolo problema. Non sai esattamente come iniziare a raccogliere i frutti del tuo lavoro. Inoltre, hai calcolato male e in realtà hai un rendimento molto maggiore di quanto ti aspettavi. Non c'è modo che tu possa mangiare tutte quelle verdure prima che vadano a male. La buona notizia è che puoi conservare molte verdure per un periodo di tempo decente. Potresti non essere in grado di mangiarle tutti, ma puoi mangiarne molte, venderne molte e regalarne anche ai tuoi amici e familiari.

Innanzitutto, devi sapere quando una verdura o un'erba è pronta per essere raccolta. Alcune colture hanno una breve finestra per un raccolto ottimale, di tanto in tanto anche semplicemente dopo giorno! Mais, gombo e zucca rientrano in questa categoria. Vale anche la pena considerare l'ora del giorno in cui raccogliere. Le erbe sono generalmente raccolte bene entro la mattina dopo che la rugiada si è asciugata.

Le verdure possono essere raccolte in qualsiasi momento della giornata, anche se suggerisco di non raccogliere, quando il fogliame è bagnato, semplicemente così puoi evitare il disturbo delle gocce d'acqua.

Alcune verdure le puoi raccogliere senza problemi a mani nude, ad esempio piselli, fagioli, melone, pomodori e verdure a foglia verde. Afferra il gambo con una mano la verdura o la frutta e con l'altra staccala.

Altri, come peperoni, cetrioli, anguria, zucca gialla e gombo, richiedono di tagliare il gambo appena sopra il frutto con cesoie da potatura o potatori a micro punta. In questo modo eviterai di rendere la pianta debole. Le verdure con gambo più grande come zucchine, broccoli e cavoli sono ottime da tagliare con un coltello. Usa una paletta per raccogliere la vegetazione sotto terra, come carote, barbabietole, aglio, patate, patate candite e cipolle. Bisogna scavare verso il basso a qualche centimetro dalla pianta e allentare il terreno, facendo attenzione a non intaccare più la verdura nel sottosuolo (in caso contrario, consumarla entro pochi giorni).

E se raccogliessi più di quanto potresti mangiare? Le opzioni di conservazione più popolari consistono nello inscatolare, congelare e disidratare. Sebbene questi metodi di conservazione abbiano bisogno ciascuno di una certa padronanza, possono essere imparati senza difficoltà.

## COME PROTEGGERE IL TUO ORTO DAGLI ANIMALI

Non appena hai lavorato adeguatamente il terreno e preparato per la semina, dovresti utilizzare del filo di ferro o una sorta di recinzione per circondare l'area del giardino.

Se stai coltivando ortaggi per risparmiare denaro, a malapena ha senso distribuire parte del raccolto agli animali. Potrebbe non sembrare attraente, potresti sostituirlo con una staccionata più attraente nel caso in cui lo consideri una necessità. Subito dopo aver messo a riparo l'orto con il filo e il terreno è maturo per la semina, sei pronto per iniziare a piantare le verdure.

## Capitolo - 6
## TIPI DI ORTAGGI

**PIANIFICARE LA STAGIONE COLTURA PER COLTURA**

Puoi pianificare la stagione di crescita utilizzando il numero di giorni a disposizione senza gelo nella tua regione, ovvero il tempo che intercorre tra l'ultima gelata in primavera e la prima gelata in autunno. Scegli colture che raggiungeranno la maturità, tra l'ultima gelata in primavera e la prima gelata in autunno. Se vuoi coltivare al di fuori della stagione naturale, pianifica di utilizzare dispositivi di estensione della stagione come coprifili, tunnel in polietilene / plastica e serre. Ci saranno diverse varietà tra cui scegliere dopo aver deciso quali verdure coltivare; alcune varietà saranno pronte all'inizio della stagione, alcune a metà stagione e altre più tardi. Alcuni ortaggi si coltivano facilmente dai semi seminati direttamente nell'orto; altri sono meglio avviati al chiuso dove la temperatura è controllata e successivamente trapiantati in giardino quando le temperature esterne sono favorevoli.

## METÀ INVERNO/GENNAIO

**Periodo di crescita lento e senza crescita:** nessuna crescita delle piante si verificherà all'aperto durante i giorni in cui ci sono meno di 10 ore di luce solare. Questo periodo si verifica per diverse settimane all'inizio, a metà e alla fine dell'inverno, a seconda di dove vivi. Piante e semi in giardino durante questo periodo rimarranno inattivi; le piante riprenderanno a crescere quando ci saranno più di 10 ore di luce solare durante il giorno. Durante il periodo di non crescita, devi proteggere le colture dalle temperature gelide coprendole con la paglia o proteggendole sotto un tunnel a cerchio di plastica. Quando le ore di luce solare ogni giorno raggiungono più di 10 ore, le piante riprenderanno la loro crescita verso la maturità.

Iniziando prima con le regioni più calde, ecco una guida per l'avvio e la semina dei semi per metà inverno-gennaio. Nota: è sicuro piantare o eseguire una delle attività elencate per le regioni più fredde della tua.

**Regioni senza gelo (zona sud orientale e delle isole)**

- Semina i semi di ortaggi della stagione fredda in una mini serra o in un tunnel di plastica.

- Iniziate con i semi di ortaggi della stagione calda al chiuso; avvia i semi di pomodori, peperoni e melanzane in casa.

**Regioni a basso gelo (zona tirrenica e adriatica)**

- Semina i semi della stagione fredda al chiuso in vasi e appartamenti, o all'aperto entro metà mese.

- Le colture di stagione fredda includono barbabietole, carote, membri della famiglia di cavoli, lattuga, piselli e spinaci. Aspettati una crescita lenta, mentre le giornate sono ancora brevi.

**Regioni dove il gelo è probabile (zona alpina, zona padana, zona appenninica)**

- Inizia con i semi di cavolo, lattuga rustica e cipolle, in casa, sotto le luci intense.

- Quando le piante sono alte circa 10 cm, sistemale nell'orto sotto cloche o brocche di plastica e lasciale indurire.

## COLTURE NELLA STAGIONE FREDDA PER LA SEMINA NEL TARDO INVERNO

Il cavolo cappuccio è facile da coltivare e può essere consumato crudo o cotto. Il cavolo si conserva bene anche nella cantina o sotto forma di crauti. Ci sono molte varietà di cavolo tra cui scegliere: verde o rosso, verza a foglia liscia o arruffata, a testa tonda, a forma di cono e a testa appiattita. Considera i giorni per arrivare alla maturità: inizio stagione, metà stagione e fine stagione. Il cavolo cappuccio a maturazione tardiva (oltre 90 giorni), è la scelta migliore per la conservazione per uso invernale; le varietà di inizio e mezza stagione vengono solitamente piantate in primavera per un uso fresco di mezza estate e autunno.

Broccoli, cavolfiori e cavoli rapa sono una buona scelta per la semina a fine inverno o all'inizio della primavera per il raccolto, prima della calura estiva. Ci vogliono 60 giorni alla maturità, o meno a seconda della varietà di queste verdure. A tutti piace iniziare a coltivare e raccogliere con il tempo fresco. Piantali in una mini serra o sotto un tunnel con un cerchio di plastica, o inizia a coltivare queste colture in casa, fino a 10 settimane prima dell'ultima gelata; poi trapiantali nell'orto, già da 4 a 6 settimane, prima dell'ultima gelata.

**PIANTAGIONE ZONA PER ZONA: MARZO/INIZIO PRIMAVERA**

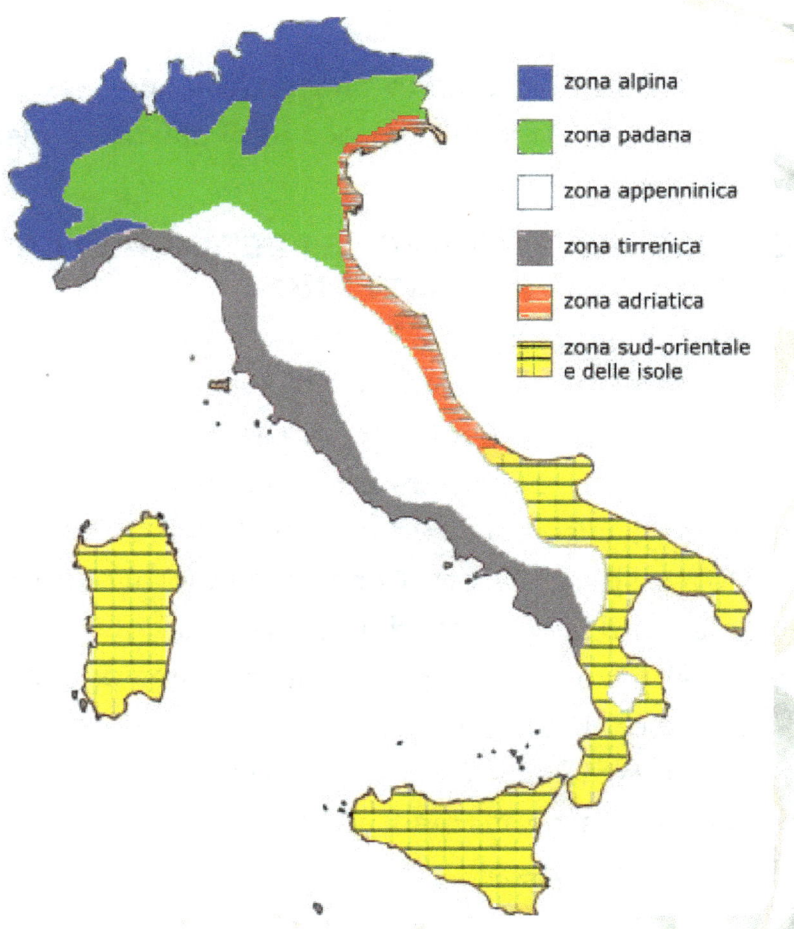

Cominciando prima con le regioni più calde, ecco una guida per la semina e la semina per la fine degli inverni; Marzo. È sicuro piantare o eseguire una delle attività elencate per le regioni più fredde.

**Zona sud orientale e delle isole: clima sub-tropicale**

- Trapiantare nell'orto piantine di pomodoro, peperone, melanzana.

- Semina direttamente colture della stagione calda come fagioli, mais, cetrioli, lattuga, meloni, gombo, zucca, spinaci estivi, zucche, patate dolci e anguria.

**Zona tirrenica e adriatica: gelo poco probalbile**

- Nelle regioni senza gelo, iniziate a coltivare in casa piantine di cavoli, melanzane, meloni, gombo, pepe, zucca, zucchina e pomodoro.

**Zona appenninica: gelo possibile**

- Quando il terreno è asciutto e lavorabile, pianta le corone di asparagi, le cipolle e le patate novelle.

- Preparare dei buchi per piantare, aggiungendo uno strato di compost invecchiato.

**Zona padana: Temperature di congelamento, gelo precoce e tardo gelo probabile**

- Posizionare cloches o tunnel di plastica per riscaldare il terreno.

- Spostare le piantine di broccoli, cavoli e cavolfiori in una mini serra per indurire.

**Zona alpina: Le temperature di congelamento sono probabili**

- Mettere le patate da semina in un davanzale caldo e luminoso, per incoraggiarle a germogliare.

## SUGGERIMENTI PER PIANTARE AD INIZIO AUTUNNO

In questo periodo semina le foglie di insalata invernale. Ecco alcune foglie di verdura che sono buone nelle insalate e nelle patatine fritte: barbabietole, broccoli, carote, cavolfiori, cavoli rapa, ravanelli e rutabaga (rapa svedese). Tutti questi sono raccolti di stagione fresca che puoi seminare direttamente e coltivare in una mini serra o in un tunnel con cerchi di plastica in autunno e inverno.

Pianta il cavolo cinese. È l'ora di seminare cavolo cinese, Bok Choy, Mizuna, Mibuna e altre verdure asiatiche di stagione fredda; Il cavolo cinese cresce meglio quando le giornate si accorciano e si fanno più fresche. Lo stesso per Bok Choy, taccole, Mizuna e Mibuna, semina queste colture sotto un tunnel di plastica o una mini serra nelle fredde regioni invernali.

## SUGGERIMENTI PER PIANTARE A METÀ AUTUNNO

Coltiva verdure in casa quest'inverno. Puoi coltivare lattuga e altre verdure al chiuso sotto luci fluorescenti quest'inverno. Scegli vassoi o contenitori profondi da 7-10 cm. Semina i semi e mettili sotto le luci. Mantieni il terreno appena umido, posizionando i contenitori in vassoi poco profondi in modo da poter annaffiare dal basso se necessario. Raccogli, taglia e ripeti di nuovo.

La semina autunnale di spicchi d'aglio paffuti produce bulbi paffuti. I chiodi di garofano magri producono bulbi magri. Pianta l'aglio in un terreno soleggiato, ricco di compost e ben drenato; impostare i chiodi di garofano a 7 cm di profondità; più profondo a 10 cmi nelle regioni con inverno freddo; 10-15 cm di distanza al momento della semina dell'aglio, in modo che le piante abbiano il tempo di germogliare prima del primo congelamento. Il germogliare delle piante indica che le radici sono attecchite.

**PIANTARE NEL TARDO AUTUNNO**
Mais: esistono due tipi di insalata di mais: con semi grandi e con semi piccoli; le varietà a seme piccolo crescono meglio in inverno (coltiva varietà a seme grande in primavera e in autunno); Puoi piantare a metà autunno per lo svernamento sotto un tunnel a cerchio di plastica o una mini serra. Poi anche lasciarlo non protetto in tutte le regioni, tranne forse dove il manto nevoso è molto alto. le piante possono essere raccolte durante l'inverno. Effettuare semine successive ogni 10 giorni.

Semina in autunno la lattuga e gli spinaci e raccoglili in primavera. Puoi seminare direttamente lattuga e spinaci a metà-fine autunno. Se vuoi raccogliere le verdure a foglia verde durante l'inverno, coltivale in una mini serra cornice o sotto un tunnel di plastica. Semina il seme in modo che ci siano sei o sette foglie quando arriva la prima forte gelata. Prima che le foglie si congelino, copri le piante con uno spesso strato di paglia o foglie tritate, o un tunnel a cerchio di plastica portatile. All'inizio della primavera, tira indietro il pacciame e coprire il letto di semina con un tunnel a cerchio di plastica; le verdure a foglia verde svernanti emergeranno e ti daranno un raccolto primaverile precoce; tagliare l'intera pianta in primavera.

**PIANTARE AD INIZIO INVERNO**

- **Nessun tempo di crescita:** Come ti dicevo, quando la luce del sole è inferiore a 10 ore al giorno, le piante dell'orto e del giardino smetteranno di crescere. Se protetti dal freddo non moriranno, ma non cresceranno attivamente dove ci sono meno di 10 ore di luce solare; entreranno in un periodo di dormienza. Questo è vero per tutte le piante, comprese le verdure e le erbe. Il periodo di non crescita può durare da due a tre mesi a seconda di dove vivi (controlla il servizio meteo per l'alba e il tramonto dove vivi). Lascia le colture a posto e proteggile dal freddo; quando le ore diurne torneranno di nuovo superiori a 10, le verdure riprenderanno la crescita verso la maturità e il raccolto. (Il cavolo cappuccio primaverile, ad esempio, viene piantato a fine estate o all'inizio dell'autunno. Cresce vicino alla maturità ma poi arresta la crescita e rimane dormiente durante il periodo di non crescita invernale; poi all'inizio della primavera con l'aumentare della luce del giorno, il cavolo riprende la crescita, raggiunge la maturità e si raccoglie in primavera).

- **Pianta l'aglio in autunno:** l'aglio può essere piantato dall'autunno all'inizio della primavera, dove il terreno è lavorabile. L'aglio piantato in autunno e all'inizio dell'inverno verrà raccolto a metà estate successiva. Pianta l'aglio tenero se vivi dove gli inverni sono miti. Pianta l'aglio dal collo duro dove gli inverni sono freddi e dove le primavere sono fresche e umide. Assicurati di piantare l'aglio almeno 4-6 settimane prima che il terreno si congeli; ciò consentirà lo sviluppo di un forte apparato radicale. Le foglie di aglio possono essere tritate e usate come l'erba cipollina.

- **Coltiva i pomodori pixie al chiuso:** coltiva i pomodori pixie al chiuso quest'inverno, in un vaso in una finestra soleggiata o sotto le luci di coltivazione. I pixies sono molto dolci, carnosi, succosi e saporiti, perfetti per insalate e contorni. Sono pronti per la raccolta 55 giorni dopo il trapianto.

- **Semina semi di crescione indoor:** coltiva il crescione all'interno in un vaso piatto o poco profondo per i germogli. Riempi con una miscela di semi o terriccio organico, cospargi i semi sul terreno, quindi copri leggermente il seme con una miscela di semi o vermiculite (un minerale che fa da substrato). Il seme germoglierà in 2-6 giorni e sarà pronto per il raccolto a 5-7 cm di altezza in due settimane. Il crescione ha un sapore piccante. Aggiungi il crescione a insalate, panini e piatti a base di verdure.

- **Coltivare erbe aromatiche al chiuso in inverno:** Puoi coltivare erbe aromatiche in una finestra soleggiata per l'uso invernale. Le erbe annuali possono essere coltivate dal seme. Semina i semi in vasi da 7-10 cm in modo che abbiano spazio per crescere durante l'inverno.

# Capitolo - 7
## RISOLUZIONE DEI PROBLEMI

### CONTROLLO DEI PARASSITI E PREVENZIONE DELLE MALATTIE

Parassiti e malattie sono la rovina dell'esistenza di molti ortolani/giardinieri. Quando una di queste minacce entra nel tuo orto, possono ucciderlo in pochissimo tempo se non stai attento alla manutenzione e ai primi segnali di allarme. Sfortunatamente, potresti ancora doverli affrontare anche quando stai attento. I giardinieri più esperti al mondo devono ancora fare i conti di tanto in tanto con parassiti e malattie, è come un tiro di dado sfortunato, per quanto riguarda la salute delle vostre piante.

Se vuoi mantenere le tue verdure sane e assicurarti che non accada nulla che influenzi il loro sapore, allora dovrai stare attento a come trattare le malattie o le infezioni. Gli insetticidi chimici possono lasciare tracce di sostanze nocive sulle tue verdure, sostanze che non vorresti mangiare. Ci sono alcuni modi per trattare in modo naturale questi fastidi che non danneggeranno te o il tuo raccolto, ma il modo migliore per affrontarli è agire in modo preventivo per fermare i problemi prima che inizino.

## CONTROLLO DEI PARASSITI

Un orto al chiuso è molto più facile da proteggere dai parassiti rispetto a uno all'aperto, ma ciò non significa che le tue verdure debbano essere condannate. Ci sono diversi trucchi che puoi usare per tenere i parassiti fuori dall'orto e far loro rimpiangere di essersi fermati nelle tue aiuole. Parlando di parassiti, è molto probabile che gli orticoltori incontrino afidi, lumache, mosche bianche, cocciniglie, squame e acari. Ognuno di questi ha segni rivelatori di infestazione, ma soprattutto dipende dall'aspetto delle tue piante.

Quando sei fuori a curare il tuo orto, tieni d'occhio le foglie scolorite o i buchi che sono presenti. Gli steli possono mostrare segni di scolorimento, lividi o protuberanze e sporgenze. Questi sono tutti segni che nel tuo orto c'è qualcosa che non dovrebbe esserci. Se noti uno di questi cambiamenti, il prossimo passo dovrebbe essere la ricerca di parassiti. Per prima cosa, usa gli occhi e vedi se riesci a individuare eventuali insetti che vagano sulle tue piante. Quindi, usa un dito pulito o un piccolo rastrello e controlla attraverso il terreno attorno allo stelo delle tue piante per vedere se riesci a individuare le uova o le larve che devono essere rimosse. Infine, prendi un pezzo di carta velina e strofina il lato inferiore delle foglie inferiori. Ci sono alcuni parassiti sono troppo piccoli per essere visti ad occhio nudo, ma lasceranno su un pezzo di carta velina del sangue, questo ti farà capire che devi fare ulteriori passi.

Uno dei passaggi che dovresti compiere subito è lavare le tue piante. Normalmente si innaffia nel terreno in modo che l'idrogeno possa penetrare in profondità e promuovere la crescita delle radici, ma lavare le piante è completamente diverso. Usa un getto d'acqua pressurizzato per eliminare i parassiti dalle tue piante. Ciò può ridurre notevolmente le dimensioni di un'infestazione prima che sia necessario un ulteriore trattamento.

Parlando di trattamento, spruzzare le tue piante con olio di neem è intelligente, sia come parte di un trattamento, sia come misura preventiva. Spremuto dalle piante, questo olio naturale ha un sapore disgustoso per i parassiti e fa sì che non mangino le tue piante. E' innocuo per gli esseri umani e le piante, quindi non danneggerà il tuo orto. Applicalo settimanalmente, indipendentemente dal fatto che tu abbia o meno un'infestazione.

Di tanto in tanto potresti rilasciare insetti utili nel tuo giardino. Coccinelle e vespe sono i due insetti più comunemente usati per questo. Questi insetti benefici sono predatori naturali della maggior parte dei parassiti dell'orto e del giardino e mangeranno i parassiti liberando le tue piante. Quindi, una volta che non sono rimasti abbastanza parassiti per nutrirli, questi insetti benefici si avventureranno in natura alla ricerca di più cibo.

Puoi anche spolverare le tue piante con farina o cannella, poiché non danneggeranno le piante ma fungeranno da deterrente per molti parassiti e sono persino velenose per altri. Ciò è particolarmente utile se hai un problema con le lumache o le chiocciole, in tal caso può essere un'idea intelligente creare una linea di farina intorno al tuo giardino per evitare che questi parassiti possano entrare.

Se tieni gli occhi aperti verso i segnali di pericolo e agisci velocemente per fermare le infestazioni sul nascere, non dovrai preoccuparti di perdere le tue verdure a causa dei parassiti.

## PREVENZIONE DELLE MALATTIE

Il problema con la malattia è che quando la riconosci, è troppo tardi. Potresti trovarti coinvolto in una battaglia che richiede diverse settimane, oppure può spazzare via una parte del tuo orto durante la notte una volta che ha preso campo. Curare la malattia è raramente un'opzione e quindi dobbiamo concentrare i nostri sforzi per impedire che si impadronisca delle nostre verdure.

Tutto ciò che cade dalle tue piante dovrebbe essere rimosso. Questo dovrebbe essere fatto ogni giorno, ma se questo richiede troppo tempo, dovresti farlo almeno ogni volta che innaffi le tue piante. Sia i parassiti che le malattie si insediano nella materia vegetale morta e la useranno per riprodursi prima di diffondersi per attaccare le piante sane nell'orto e nel giardino. Rimuovere in primo luogo i luoghi in cui la malattia cresce aiuta ad eliminarla e prevenirla.

Dovresti anche disinfettare i tuoi attrezzi da giardino dopo l'uso. Non è necessario disinfettarli dopo ogni taglio, o anche dopo ogni pianta, ma è necessario disinfettarli alla fine della giornata lavandoli via o utilizzando una soluzione detergente disinfettante. Questo assicurerà che eventuali germi dannosi che potrebbero essersi depositati sugli attrezzi vengano uccisi, prima del prossimo riutilizzo. È una buona idea eliminare immediatamente questi germi piuttosto che dare loro il tempo di marcire e moltiplicarsi.

Abbiamo già parlato di come concimare le tue piante non sia una cura magica per tutti i loro problemi e questo rimane vero quando parliamo di malattie. Fertilizzare le tue piante non le curerà magicamente dalle loro malattie. Ma le piante adeguatamente fertilizzate sono piante sane e questo è importante per prevenire le malattie. Le piante più deboli sono più inclini alle infezioni rispetto a quelle più forti, quindi considera che anche concimare è un passaggio importante nella prevenzione delle malattie.

Le radici che sembrano così stanno marcendo e questo può diffondersi in tutto il fogliame e persino ad altre piante dell'orto. Prima di mettere una piantina nel tuo orto, ispezionala sia per la putrefazione delle radici che per i segni di parassiti. L'esperienza peggiore in assoluto è trapiantare qualcosa di nuovo nel tuo orto, solo per scoprire che era malata e ora l'intero orto è in pericolo.

L'irrigazione eccessiva delle piante è il modo più rapido per portare malattie nel tuo orto, ma anche la giusta quantità di acqua può essere pericolosa, se fatta nel momento sbagliato. Dovresti innaffiare le tue piante solo al mattino o verso l'ora di pranzo quando il sole è più alto. Non innaffiare mai le tue piante nel tardo pomeriggio, sera o notte. Il calore del sole è necessario per aiutare nell'irrigazione, poiché aiuterà l'acqua più in alto nel terreno ad evaporare. Questo rimuove l'umidità intorno alle radici, che aiuta a prevenire la putrefazione delle stesse. Innaffiare più tardi nel corso della giornata significa che non c'è tanto calore per favorire l'evaporazione e quindi più umidità viene intrappolata nel terreno durante la notte, e questo mette a rischio le tue piante quando in realtà non dovrebbero esserlo.

Tieni d'occhio i segni di malattie come l'oidio su foglie, buchi, scolorimento, foglie appassite, arricciate, foglie che cadono e altro ancora. Quando si capisce il modo in cui dovrebbe apparire una pianta sana, i segni di malattie e parassiti sono chiari nel corso della giornata, perché risaltano all'occhio. Le foglie diventano marroni anziché verdi, si arricciano e appassiscono quando dovrebbero allungarsi e prendere il sole. Quando noti problemi come questi, prendi le cesoie e rimuovile. Elimina rami, steli, foglie e verdure problematiche. Staccare rapidamente e rimuovere queste parti infette può salvare il raccolto.

## PROBLEMI COMUNI CON I PARASSITI E COSA FARE COMMON

Ogni orto si crogiolerà di diversi problemi e parassiti durante tutta la stagione di crescita e finché non inizi a coltivare, non ti renderai conto di quali incontrerai. Questi sono alcuni dei problemi più frequenti.

**Alternaria o septoria del pomodoro**: queste malattie fungine iniziano a ingiallire le foglie, iniziando dal fondo di una pianta di pomodoro. La peronospora precoce fa diventare le foglie a pallini, con cerchi esterni di colore giallo che si scuriscono fino al marrone al centro. La macchia di Septoria sembra formata da tanti punti marroni sulle foglie e spesso si presenta più tardi durante la stagione. Taglia e sbarazzati di tutti i gambi colpiti mentre le foglie non sono bagnate. Durante i periodi di pioggia, puoi farlo, giorno dopo giorno, per gestire il problema.

**Muffa polverosa:** La muffa polverosa è una malattia fungina che sembra polvere bianca nella parte superiore delle foglie, per lo più non insolita su zucca, zucchine e cetrioli, se non selezionata, si diffonderà nella pianta e inibirà la fotosintesi e la successiva produzione di frutta. Se lo prendi in anticipo, ritaglia le foglie colpite, fino al 25% della pianta. Se questo non funziona, mescola 1 cucchiaino di bicarbonato di sodio con 1 litro di acqua e spruzza sulle foglie colpite e non affette per una settimana.

**Ferma il marciume apicale:** per lo più frequente sui pomodori. Si vede un punto marcio nero in fondo al frutto, che poi cadrà. Può anche colpire zucca, meloni e peperoni. Sebbene questa circostanza sia dovuta all'incapacità di una pianta di assorbire il calcio dal terreno, l'aggiunta di calcio non è in genere un rimedio eccellente.

**Mancanza di impollinazione:** quando un frutto smette di svilupparsi e inizia a marcire, in genere, la ragione è la mancanza di impollinazione. Zucca, zucchine, cetrioli e meloni sono i più vulnerabili a questa circostanza. Senza la presenza di impollinatori, comprese le api, le piante a impollinazione incrociata non possono sviluppare frutti. Potrebbe anche essere necessario impollinare manualmente.

**Afidi:** minuscoli insetti a forma di pera di diversi colori, gli afidi si riuniscono per riprodursi nei vegetali come pomodori e peperoni, soprattutto all'inizio della stagione. Evita di spruzzare, poiché gli insetticidi possono uccidere anche le coccinelle, neuroptere e le larve di mosca sirfide, che predano gli afidi. Invece, applica i getti di vermi sul fondo della flora e sul pozzo d'acqua. I getti di vermi comprendono la chitinasi, un enzima che gli afidi non possono digerire. Quando gli afidi succhiano i succhi vegetali contenenti chitinasi, muoiono.

**Vermi:** i vermi del cavolo, il bruco sfinge del pomodoro, i bruchi legionari e diversi vermi possono defogliare la flora vegetale quasi dall'oggi al domani. Se la raccolta manuale non ottiene risultati, ricoprire la vegetazione interessata con il pesticida biologico Bacillus thuringiensis, facendo attenzione a tenerlo lontano da qualsiasi altro tipo di flora. Potresti anche ricorrere ad una copertura delle fila per proteggere la vegetazione vulnerabile (broccoli, cavoli, cavoli e lattuga), in opposizione alle falene che depongono le uova che si trasformano in vermi.

**Coleotteri:** coleotteri insieme a cimici della zucca, cimici puzzolenti, coleotteri dei fagioli giapponesi, coleotteri dei fagioli messicani, coleotteri del cetriolo e altri sono alcuni dei parassiti più difficili da gestire. Le alternative biologiche sono limitate, poiché i deterrenti che potrebbero influenzare questi coleotteri possono anche uccidere i coleotteri benefici, tra cui i coleotteri macinati e le coccinelle. Il modo per gestire questi parassiti è quello di raccogliere a mano gli adulti e farla finita con i grappoli di uova. Rimuovere i fiori infestati e lavorare per la rotazione delle colture, aiuta anche per le stagioni successive.

La situazione è peggiore quando si tratta di problemi in un prato biologico. La rimozione precoce dei vegetali infestanti e dei parassiti malati offre la migliore protezione. Devi essere disposto ad accettare alcuni danni e riconoscere che più sano è il terreno, più sane saranno le piante, il che consente loro di resistere ai danni dei parassiti e alle malattie, nel corso della stagione.

## ERBICIDI, PESTICIDI DISINFESTAZIONE INTEGRATA

Erbacce. Insetti. Agenti patogeni. Tempo metereologico. C'è da meravigliarsi che qualcuno voglia fare ancora l'orto, nel momento in cui anche se fai tutto bene puoi avere ancora così tante cose che vanno storte! Ma mantenere un orto/giardino significa trovare l'equilibrio nel tuo ecosistema che hai creato. Se riesci a trovare un modo per fare questo, sarà tutto perfetto. Ora che hai imparato a nutrire e annaffiare il tuo orto, approfondiamo alcuni accorgimenti di cui abbiamo già parlato.

A nessuno piace pensare alle erbacce, ma si intruferolanno nel tuo giardino nonostante i tuoi sforzi. Ad alcune persone non piacciono le erbacce, ma piace avere la soddisfazione di tirarle, altre non hanno tempo di tirare un'erbaccia. Non DEVI per forza strappare le erbacce; non esiste una regola scritta. Devi essere consapevole, tuttavia, che le erbacce nel tuo giardino assorbono le risorse vitali che dovrebbero essere lì per l'uso delle tue piante; stanno rubando il cibo e l'acqua del tuo orto.

Gli erbicidi possono essere una risposta a un problema di infestanti fuori controllo, ma l'uso di erbicidi chimici su una fonte di cibo dovrebbe essere l'ultima risorsa. Se te la senti, prova ad eliminarli manualmente. Molti strumenti manuali utili renderanno questo compito inevitabile molto più facile. L'introduzione di erbicidi nell'ecosistema del tuo orto può causare anche uno squilibrio che può addirittura invitare parassiti e agenti patogeni.

Puoi usare ingredienti naturali come l'aceto per sbarazzarti delle erbacce più fastidiose nel tuo giardino, ma dovresti sapere che anche la soluzione erbicida a base di aceto è nota per essere non selettiva, il che significa che ucciderà non solo le erbacce ma tutta la vita vegetale. È ottimo sulle erbacce a foglia larga come la grancevola e i denti di leone, ma pensaci due volte prima di spruzzarlo vicino alle tue verdure in crescita. Per preparare una miscela di aceto erbicida, hai bisogno di 1 litro di aceto bianco (acido acetico al 5%), 1 tazza di sali di Epsom e 1 cucchiaio di detersivo per piatti liquido.

Dovresti mescolare accuratamente questi ingredienti e metterli in un flacone spray o in uno spruzzatore a pompa da giardino con un ugello. Puoi usare questo erbicida fatto in casa solo direttamente sulla base delle erbacce che stai prendendo di mira. Non spruzzare la miscela sulle tue piante! Prova ad applicarlo nei giorni caldi e asciutti; potrai anche spargere la miscela in modo che impregni il terreno e raggiunga rapidamente le radici delle erbacce. Usa questa soluzione, con parsimonia.

Altri giardinieri che rifiutano l'uso di erbicidi chimici aggressivi, raccomandano anche l'uso del vapore per uccidere le erbe infestanti, specialmente sui marciapiedi e intorno ai bordi del giardino. Potresti portare fuori una pentola di acqua bollente e iniziare a mescolare, ma a quel punto ti conviene tirare le erbacce manualmente. Ma ecco un suggerimento: se hai uno di quei pulitori a vapore portatili, puoi usare una prolunga e andare a sparare vapore alle radici delle tue erbacce. Mi è stato detto che questo funziona bene su aree in mattoni e blocchi in muratura, poiché potresti avere un contenitore o un'aiuola rialzata, ti potrebbe far comodo questa informazione.

Se hai la necessità di utilizzare erbicidi chimici pesanti, come il glifosato, usali con parsimonia e con molta cautela e rispetto per le indicazioni sull'etichetta. Ricorda, il tuo orto è prima di tutto una fonte di cibo e non vuoi rischiare contaminazioni. In caso di domande, non esitare a chiedere consiglio a un professionista esperto o ai tuoi uffici agricoli locali.

L'uso di pesticidi chimici rientra nella stessa categoria degli erbicidi chimici. Dovresti usarli con parsimonia e solo se assolutamente necessario. I pesticidi chimici pesanti possono accumularsi nel terreno ed entrare nella falda freatica, causando contaminazione e portando a problemi ambientali. Invece di prendere un pesticida chimico, considera le opzioni organiche a tua disposizione, come oli e saponi per l'orticoltura e, a volte, la buona acqua vecchio stile. Gli afidi possono essere lavati via dalle piante di pomodoro con una buona pressione daltuo dell'acqua. Gli insetti noiosi, come la melittia cucurbitae della vite e della zucca, possono essere eliminati tagliando via il gambo interessato, o la vite e smaltendo i rifiuti lontano dal giardino. Una volta che lo stelo appassisce e muore, l'insetto perderà la sua fonte di cibo, non sarà in grado di riprodursi e morirà.

Questo è anche il punto in cui entra in gioco la gestione integrata dei parassiti. In un ecosistema equilibrato, avrai una rete alimentare. Ciò significa che avrai insetti sia benefici che dannosi nel tuo giardino. Appendi una mangiatoia per uccelli e riempila di semi che attireranno le specie che si nutrono di insetti nocivi. Se usi trappole a sacco, come quelle per i coleotteri giapponesi, posizionale lontano dal tuo orto, non nelle immediate vicinanze. Questo li attirerà prima nelle trappole e non nel tuo orto.

Nel malaugurato caso in cui vedessi segni di malattia sulle tue piante, potresti dover giocare al diagnostico. È un'infezione batterica, virale o fungina? Scatta foto e controlla attentamente la situazione. Alcuni problemi comuni negli orti sono infezioni come marciume dei fiori, oidio e piaghe. Inizierai a vedere prima i cambiamenti nell'aspetto delle foglie della pianta nel caso della maggior parte delle infezioni microbiche. Taglia le parti della pianta interessate per evitare la diffusione degli agenti patogeni e continua a monitorare. Ricorda, le piante malate non dovrebbero essere compostate; dovrebbero essere collocati nella normale spazzatura.

Spesso, un agente patogeno non suona la campana a morto per una pianta vegetale. Se hai un terreno sano e piante rigogliose, un po 'di muffa polverosa può sembrare sgradevole, ma non influirà sul risultato finale; i tuoi cetrioli staranno bene al momento del raccolto. Marciumi e piaghe sono più contagiosi e possono danneggiare i tuoi raccolti, quindi assicurati di essere proattivo nel prenderti cura di questi problemi non appena li vedi insorgere. Puoi aiutare a evitare gli agenti patogeni assicurandoti di non innaffiare le foglie delle tue piante e fare in modo che abbiano un flusso d'aria abbondante intorno a loro. Nei capitoli successivi che descrivono in dettaglio le specifiche di verdure ed erbe comuni, verranno anche introdotti i loro problemi più comuni, quindi saprai cosa cercare.

Dovrebbe essere ovvio, ma assicurati di registrare qualsiasi uso di fertilizzanti, pesticidi, erbicidi o rimedi patogeni (fungicidi, antibiotici, ecc.) nel tuo diario dell'orto. Dovresti anche registrare qualsiasi altra cosa che pensi di dover ricordare durante la bassa stagione. Potrebbe trattarsi di prendere appunti su come si comportano determinate varietà o vedere determinati insetti sui quali vorresti saperne di più. Il tuo diario dell'orto sarà il tuo miglior riferimento per migliorare "le prestazioni" del tuo giardino, quindi usalo a tuo vantaggio. Se sei come me e pensi, "non ho bisogno di scriverlo" è probabilmente una delle più grandi bugie che dici a te stesso.

Ora che abbiamo esaminato le basi del mantenimento di un giardino durante la stagione di crescita, parliamo della raccolta di tutta quella bontà vegetariana fresca! Dopotutto, è per questo che piantiamo e coltiviamo questi orti! Nelle prossime sezioni parleremo del raccolto e della semina in successione, della condivisione e della conservazione delle verdure e delle erbe e della conclusione della stagione con una solida preparazione dell'orto per l'anno successivo.

# Capitolo - 8
## INDICE DEGLI ORTAGGI

*AGLIO*

Gli agli sono repellenti in generale e sensibilizzano anche molte altre colture intorno a loro. Non vanno bene intorno a colture come fagioli, cavoli, fragole e piselli. Oltre ad essere influenzati dalla mancanza di una corretta informazione alimentare intorno a queste colture, gli agli e le cipolle generalmente rilasciano sostanze nocive per le altre colture rendendole così povere.

Tuttavia, è anche bene notare che l'aglio non è realmente pericoloso per tutte le colture. Stanno bene intorno a colture come albicocche, rose, rosmarino, lampone, pere, pesche, pastinache, gelso e ciliegie.

## AMARANTO

L'amaranto è la migliore pianta da compagnia per mais, cipolle e patate.

Questa è una pianta annuale che fiorisce in condizioni tropicali calde. L'amaranto è il migliore compagno del mais dolce poiché le sue foglie forniscono ombra, quindi rallenta l'evaporazione e, mantiene più a lungo l'umidità nel terreno. Attira i coleotteri predatori come lo scarabeo della patata del Colorado e il cavolo cappuccio che eliminano i parassiti che mangiano le nuove foglie.

*ANETO*

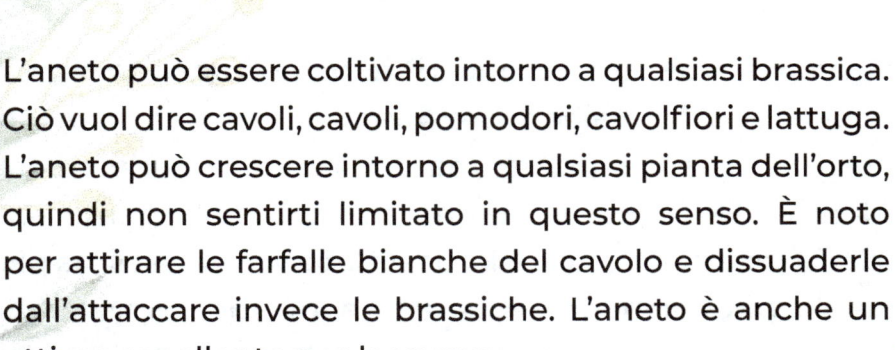

L'aneto può essere coltivato intorno a qualsiasi brassica. Ciò vuol dire cavoli, cavoli, pomodori, cavolfiori e lattuga. L'aneto può crescere intorno a qualsiasi pianta dell'orto, quindi non sentirti limitato in questo senso. È noto per attirare le farfalle bianche del cavolo e dissuaderle dall'attaccare invece le brassiche. L'aneto è anche un ottimo repellente per le vespe.

## ASPARAGO

Dovrai acquistare corone di asparagi dal tuo vivaio locale o dal catalogo del vivaio. La corona avrà un forte apparato radicale, ma la crescita superiore sarà dormiente. Pianta le corone all'inizio della primavera per la maggior parte delle località; se vivi in un clima più caldo, puoi piantare anche a fine inverno. Gli asparagi dovranno essere piantati in profondità, quindi crea una trincea profonda circa 15-18 cm. Distribuisci il fondo della trincea con cenere di legno o farina di ossa e compost se ce l'hai. Ci saranno istruzioni sulla confezione degli asparagi al momento dell'acquisto, quindi assicurati di leggerle e seguirle, oppure chiedi al vivaista quando li compri.

## BARBABIETOLA

Le barbabietole sono ottime compagne di lattuga, cipolle, cavolo rapa e della famiglia Brassica. La menta, l'aglio (che migliora il sapore della barbabietola) e l'erba gatta aiutano le barbabietole a crescere. Se non vuoi piantare mentine intorno alle barbabietole, puoi usare il fogliame di menta come pacciame. Le barbabietole sono cattive compagne dei fagioli polacchi e danno risultati contrastanti accanto ai fagioli.

## BROCCOLI

In termini di minimizzazione delle malattie, pianta broccoli in un posto in cui non sono state piantate altre Brassiche (inclusi cavoli, cavoletti di Bruxelles, cavolo rapa e cavolfiore) nei due anni precedenti, secondo le regole di rotazione delle colture. I broccoli sono una pianta grande e possono raggiungere il metro in altezza, quindi i semi o le piantine del vivaio dovrebbero essere piantati a 45 cm di distanza, dopo che il pericolo di gelo è passato. Se non formano correttamente teste (fiori di broccoli), sono carenti di calce, fosforo o cloruro di potassio. Puoi acquistare questi nutrienti presso il tuo garden center e aggiungerli alle tue piante di broccoli.

## CAROTE

Le carote preferiscono il pieno sole e hanno bisogno di un terreno molto drenante, preferibilmente sabbioso perché le radici possano crescere facilmente verso il basso. Se il tuo terreno è ricco di calce, humus e potassio, avrai carote dal sapore più dolce. Bassi livelli di azoto nel terreno diminuiranno il sapore delle tue carote. Semina i semi direttamente nel giardino, diverse settimane prima dell'ultima gelata (nei climi caldi puoi seminare in autunno, inverno e primavera). Semina i semi a circa 1,5 cm di profondità e mettili a 7-10 cm di distanza. Cogliere presto prima che le radici si intreccino e fare attenzione a non danneggiare le piante rimanenti.

## CAVOLFIORE

Acquista da un vivaio per iniziare la stagione o semina all'aperto dopo che è passato il pericolo di gelo. Semina in piccoli grappoli di diversi semi ma una volta germogliati, conserva solo le piante di cavolfiore più forti. Mantieni le piante umide quando sono giovani.

Per istruzioni e compagni di coltivazione, vedi cavolo, poiché la maggior parte dei membri della famiglia Brassica ha esigenze di crescita simili.

## CAVOLO CAPPUCCIO

Il cavolo cappuccio deve passare almeno la metà del tempo all'ombra. Puoi coltivarli dal seme o acquistare la pianta da un vivaio per ottenere un salto nella stagione. Gli insetti attaccano i cavoli giovani, quindi considera di coprire le piante con un panno leggero quando crescono per la prima volta. Amano il compost, i fertilizzanti e l'acqua. Se i fiori del cavolo non si formano correttamente, la pianta è carente di calcio, fosforo o cloruro di potassio e dovresti acquistarne un po' dal tuo negozio di giardinaggio locale e aggiungere al terreno o alle tue aiuole rialzate.

## CAVOLO NERO

I cavoli verdi sono i migliori come piante da compagnia per timo, salvia, rosmarino, ravanelli, patate, cipolle, nasturzio, menta, calendule, lattuga, issopo, aglio, aneto, cetrioli, fagioli e basilico.

Non piantare cavoli con ruta, uva e tanaceto.

## CAVOLO RAPA

Questa coltura si adatta perfettamente a barbabietole e cipolle. Tuttavia, non devono essere coltivati insieme a fagioli e pomodori.

## CETRIOLO

I cetrioli possono essere coltivati bene con le seguenti colture, tanaceto, girasole, ravanello, piselli, pastinaca, nasturzio, maggiorana, levistico, lattuga e Rabi. Fanno molto bene anche lungo le seguenti colture, aneto, mais, cavolfiore, carote, cavoli, germogli, Bruxelles, broccoli, borragine, taccole e basilico.

Poiché le patate e la salvia hanno un fogliame molto aromatico, spesso sono dei vicini molto poveri per i cetrioli. Sono anche noti però per rilasciare sostanze che danneggiano i cetrioli in molte situazioni.

## CIPOLLA

Le cipolle sono generalmente colture irritanti che tengono lontani parassiti e roditori dall'orto. L'odore delle cipolle da solo è sufficiente a scoraggiare tutti i principali parassiti delle colture. Tuttavia, le cipolle rilasciano anche alcune sostanze irritanti che possono influire sulla crescita di altre colture del giardino. Le cipolle non devono essere coltivate vicino ad asparagi, fagioli, piselli e gladioli.

Le migliori colture da coltivare vicino alle cipolle sono pomodori, santoreggia estiva, fragola, barbabietola argentata, pastinaca, prezzemolo, maggiorana, levistico, lattuga, porro, camomilla, carote, cavoli, broccoli e barbabietole.

## ERBA GATTA

L'erba gatta è la migliore come pianta da compagnia per barbabietole, cavoli, issopo, patate, zucche, zucca e pomodori.

Questa è una pianta eccellente da usare contro coleotteri delle pulci, cimici, tonchi, coleotteri giapponesi, afidi e formiche. Questa pianta (e tutte le piante della famiglia della menta) scoraggia anche i topi, quindi se hai un'infestazione di topi, puoi piantare l'erba gatta nella zona per sbarazzarti di questi parassiti.

## FAGIOLI

Tutti i fagioli hanno la capacità di arricchire il terreno con l'azoto. Fanno tutti bene quando vengono piantati con carote, cavolfiori, piselli, ravanelli, patate, fragole, la famiglia Brassica, bietole e mais, e sono di grande beneficio per cetrioli e cavoli.

## LATTUGA

Le lattughe sono ottimi raccolti per la tavola e sono le preferite in molte famiglie. Possono essere coltivate insieme a zinnia, fragola, ravanello, piselli, pastinaca, cipolla, calendula francese, maggiorana, levistico, cetriolo, coreopsis, cerfoglio, carote, cavoli e barbabietole. La lattuga è ottima anche con fagioli e achillea. Achillea, zinnia e coreopsis aiutano ad attirare gli impollinatori e danno un po' d'ombra alle lattughe.

Le lattughe crescono male se vengono coltivate con il prezzemolo, quindi evitate la vicinanza con ogni mezzo.

## MAIS

Il mais ama la piena luce solare e un terreno ricco e ben drenante coperto di pacciame. Semina diversi semi in una collinetta a circa 3 cm di profondità e 15 cm di distanza. Quando le piantine sono alte quasi 10 cm, distribuiscile a 30 cm di distanza. Il mais ha bisogno di una fornitura costante di acqua e pacciame.

## MELANZANE

La melanzana ama il calore, quindi piantala dove può avere pieno sole. È più semplice acquistare piante avviate e trapiantarle quando non c'è più pericolo di gelo. È preferibile attendere una o due settimane dopo che il gelo è passato per consentire al terreno di riscaldarsi. Esistono varietà nane e standard di melanzane. Pianta le versioni standard a una distanza di circa 45-60 cm e le varietà nane possono essere a 40 cm di distanza. Lega le varietà più alte ai paletti per evitare che i frutti tocchino il suolo.

Buoni compagni per le melanzane includono amaranto, piselli, spinaci e calendule, che scoraggiano i nematodi. La melanzana aiuta fagioli e peperoni. Sono buoni da piantare con il mais, poiché dissuadono animali dal mangiare il mais e il mais protegge le melanzane da un virus che le fa appassire. Cattivi compagni per le melanzane sono i fagioli polacchi, il finocchio e le patate. Ci sono risultati contrastanti se piantato con erbe aromatiche.

## OCRA/GOMBO

Il gombo è la migliore pianta da compagnia per piselli, lattuga, peperoni, basilico, cetrioli, meloni e melanzane.

Quando vuoi piantarlo intorno ai piselli, pianta prima l'ockra e lascia che si stabilizzi, quindi pianta i piselli. In questo modo gli afidi non attaccheranno più le tue piante di piselli.

## PASTINACA

Le pastinache sono le migliori come piante da compagnia per ravanelli, patate, peperoni, piselli, cipolle, calendule, aglio e fagioli.

Raccogli le pastinache dopo qualche leggera gelata perché questo ne esalti il gusto.

Non seminare pastinaca vicino a piante che richiedono terreno asciutto perché questa pianta ama l'acqua.

## PATATE DOLCI

Le patate dolci sono le migliori come piante da compagnia per aneto, timo, origano, barbabietola, pastinaca, salsefrica, fagioli e patate.

Non confondere le patate dolci con le patate normali. Queste sono diverse; appartengono alla famiglia delle "Morning Glory", mentre le patate normali appartengono alla famiglia delle "Solanacee".

Se piantate insieme alla santoreggia estiva, aiuteranno a confondere e allontanare il tonchio. Usa l'alisso per creare un ottimo pacciame per loro.

Non piantare insieme alla zucca.

## PATATE

Le patate sono piante complicate, rifiutano una miriade di piante come compagnia. Ciò è dovuto principalmente al fatto che si tratta di colture che stanno sotto terra e quindi hanno maggiori probabilità di essere influenzate da una concorrenza sleale che le potrebbero privare di nutrienti, da sostanze secrete e da parassiti in generale presenti nel suolo. Gli alissi dolci e le calendule francesi sono noti per portare organismi benefici, oltre a sopprimere erbe infestanti e colture nocive.

D'altra parte, le patate sono emettono sostanze che potrebbero danneggiare facilmente altre piante e devono essere piantate lontano da pomodori, girasoli, zucca, rosmarino, lampone, zucca, cetrioli, ciliegie e sedano. Inoltre non vanno bene con le mele.

Le patate devono essere generalmente piantate insieme a fagioli, anguria, mais, alyssum dolce, piselli, pastinaca, nasturzio, calendula francese, maggiorana, levistico, rafano, melanzane, mais, cavolfiore, cavolo, germogli, cavoletti di Bruxelles, broccoli e fagioli.

## PEPERONI

I peperoni sono i migliori come pianta da compagnia per cipolle, maggiorana, prezzemolo, pomodori, basilico, levistico, petunia, gerani e carote.

Crescono anche vicino al gombo poiché li protegge e protegge i fragili steli dal vento. I peperoni sono belli come piante ornamentali, quindi piantane alcuni attorno ai bordi del tuo giardino.

Non piantarli vicino al finocchio o al cavolo rapa. Non dovresti nemmeno piantarlo vicino agli alberi di albicocca perché può trasferire un fungo molto dannoso all'albero di albicocca.

## PISELLI

I piselli devono essere coltivati lontano da scalogni, cipolle, aglio ed erba cipollina. Queste colture sottopongono i piselli a sostanze pericolose che ne ostacolano la crescita. D'altra parte, i piselli devono crescere alti per accedere alla luce solare e anche per essere in grado di diffondersi bene. Pertanto, devono essere coltivati insieme al mais dolce e su pali naturali per il supporto e la massima resa.

I piselli si adattano bene alle seguenti colture: mais dolce, zucca, salvia, ravanello, patate, pastinaca, maggiorana, levistico, lattuga, cetriolo, sedano, cavolfiore, carote, cavoli, germogli e Bruxelles. Considera anche di piantare barbabietole e fagioli come ottimi vicini dei piselli.

## POMODORI

I pomodori sono i migliori come piante da compagnia per il cardo selvatico, le calendule, le calendule, i peperoni, i piselli, il prezzemolo, le cipolle, i nasturzi, la menta, la lattuga, l'aglio, i cetrioli, l'erba cipollina, il sedano, le carote, i fagioli, il basilico e gli asparagi.

Tuttavia, non piantare pomodori con le carote, poiché inibirebbe la crescita delle carote. Il basilico allontana zanzare e mosche, mentre ne esalta il sapore e ne favorisce la crescita. Anche l'erba cipollina, la menta e il balsamo d'api migliorano notevolmente il suo sapore. Non piantare pomodori insieme a mais, cavolo rapa, patate, cavolfiori, cavoli, finocchi, aneto e albicocche.

## PORRO

I porri possono essere coltivati con carote, fragole, pastinache, cipolle, maggiorana, levistico e sedano. In genere non vanno bene in compagnia di fagioli, piselli e prezzemolo.

## PREZZEMOLO

Il prezzemolo deve essere coltivato intorno agli asparagi e ai pomodori per aumentarne il sapore. Possono anche essere piantati accanto a mais dolce e cavoli, come colture da compagnia.

## RABARBARO

Il rabarbaro è il migliore come pianta da compagnia per tutte le brassiche, aquilegia, fagioli, aglio, cipolle e rose.

Quando vengono piantate insieme a broccoli e cavoli, queste piante prospereranno visibilmente. Il rabarbaro allontana le mosche nere e protegge i fagioli. Protegge le aquilegie dagli acari e del ragno rosso. Usa il tè al rabarbaro come spray aficida per evitare che nellele rose si formino macchie nere.

## RADICI (RAVANELLO)

Evita l'issopo in un orto con ravanelli. I ravanelli sono inclini a soffrire di minatori di foglie, che molto probabilmente sono sopportati da altre colture come gli spinaci. L'issopo attira questi minatori dalla pianta ospite mentre i profumi dell'issopo sono amati dal minatore. Questo alla fine sarà dannoso per l'intero raccolto di ravanelli.

I ravanelli vivono abbastanza bene con la maggior parte delle colture da giardino tra cui mais dolce, spinaci, piselli, pastinaca, nasturzi, maggiorana, levistico, lattuga, cetriolo, cerfoglio, carota, fagioli e anche brassiche. Tuttavia, come detto in precedenza, evita gli spinaci che ospitano minatori di foglie.

## RAFANO

Questa è una pianta facile da coltivare e prenderà il controllo del tuo giardino in pochissimo tempo. Trova un angolo lontano dalla maggior parte delle piante e considera di piantare il rafano in contenitori. È più facile acquistare una piccola pianta dal vivaio e crescerà nella maggior parte delle condizioni. Pianta a 30 cm di distanza e seppellisci la parte superiore della radice, 10 cm sotto la superficie. Assicurati di annaffiare bene questa pianta.

Se coltivi questa pianta in un contenitore, puoi spostare i contenitori. Mantieni 1 pianta nella zona delle patate per scoraggiare il coleottero della vescica e lo scarabeo della patata del Colorado. Il rafano migliora anche la resistenza delle patate alle malattie. Se hai intenzione di piantarlo nella zona delle patate, assicurati di piantarlo e rimuoverlo in autunno, per evitare che la pianta si diffonda.

## SEDANO

Il sedano è il migliore come pianta da compagnia per cavolfiore, la famiglia dei cavoli, pomodori, fagioli, porri, spinaci, cipolla, piselli, prezzemolo e fagioli. Fiori come bocche di leone, margherite e cosmo migliorano la crescita e il sapore del sedano.

Combinato con erba cipollina, nasturzi e aglio, il sedano respinge afidi e insetti.

Non piantare sedano insieme a fiori di aster, pastinaca, prezzemolo, patate irlandesi e mais.

## SPINACI

Gli spinaci essendo una brassica, si sposano bene con sedano, melanzane e fragole. Non dovrebbe avere molte restrizioni su quale pianta scegli di far crescere insieme.

## ZUCCHE

Le zucche non dovrebbero essere coltivate insieme alle patate. Sono generalmente cattivi vicini e rilasciano sostanze che danneggiano le patate. Le patate danneggiano anche le angurie e devono essere fatte crescere a parte.

D'altra parte, le zucche fanno davvero bene quando vengono coltivate insieme a mais dolce, ravanelli, piselli, melanzane, cavoli e fagioli. Questa combinazione non solo aumenta la resa, ma tiene a bada anche i parassiti per tutte le piante. Le zucche sono note per resistere a molti dei principali parassiti che colpiscono le piante da giardino comuni.

## ZUCCA BUTTERNUT

La zucca butternut è la migliore come pianta da compagnia per zucche, cipolle, menta, melone, ravanelli ghiaccioli, cetrioli, mais e fagioli.

Piantala con la borragine per scoraggiare i vermi, migliorarne la crescita e il sapore; piantala con le calendule per allontanare i coleotteri; piantala con il nasturzio per allontanare gli insetti della zucca; piantala con l'origano per garantire una protezione generale dai parassiti; piantala con l'aneto per respingere gli insetti che altrimenti distruggerebbero le tue viti.

Non piantare la zucca insieme alle patate.

# Conclusione

Ora sai quali ortaggi coltivare, dove e quando coltivarli. Ho elencato tutte le informazioni necessarie in modo che tu possa iniziare nel modo giusto. Hai capito che fare l'orto può migliorare la tua dieta.

Non solo, avere il tuo orto biologico ti porterà molta gioia. Potevi essere titubante se sei un principiante o hai limiti di spazio, ma questi non sono più un problema. Puoi usare questa guida per coltivare ortaggi, indipendentemente da quanto poco spazio hai e nonostante la tua mancanza di esperienza.

L'unica cosa che dovresti considerare è che prendersi cura delle piante è una responsabilità che devi capire bene. Richiede solo un po' di tempo e impegno su base regolare. Tuttavia, ne vale la pena perché otterrai molti vantaggi dalla coltivazione delle tue verdure biologiche. Una volta che inizi a fare giardinaggio, vedrai che il l'orto darà i suoi frutti in pochissimo tempo se sarai coerente nei tuoi sforzi.

L'orticoltura non è difficile se segui solo alcune istruzioni di base per aiutarti a prenderti cura di diversi tipi di piante. Preparati a farlo e trova un po' di spazio per avviare il tuo orto biologico. Usa le informazioni fornite in questo libro per iniziare con alcune piante.

Una volta capito, puoi espandere il tuo orto e diventare completamente autosufficiente. Ora che hai tutte le informazioni di cui hai bisogno; è ora di iniziare a pianificare e realizzare il tuo orto biologico e raccogliere i frutti (o le verdure in questo caso) del tuo lavoro.

L'orticoltura è un compito facile che dà risultati benefici. Coltivare verdure ed erbe aromatiche può non solo portare a portata di mano la spesa quotidiana, ma aiuta anche a garantire che i nutrienti che stai ingurgitando siano completamente naturali.

Acquisendo queste conoscenze relative ai fondamenti del giardinaggio e orticoltura, con descrizioni semplici e facilmente comprensibili, puoi facilmente e logicamente concludere che qualsiasi persona può diventare un ortolano/giardiniere, se lo desidera. Tutto ciò che il giardinaggio richiede è motivazione, un attitudine all'azione e alla perseveranza. Naturalmente, questo può avvenire solo una volta soddisfatto il prerequisito della conoscenza delle piante che devono essere coltivate.

Questo patrimonio di conoscenze e suggerimenti è

stato fatto a posta, passo-passo con passaggi pratici per creare ognuno il proprio orto. La decisione del luogo e dello spazio in cui prevedi (o che hai a disposizione) di impiantare l'orto sono importanti, perché in base a questo dovrai scegliere le piante più idonee da coltivare.

Molte persone sono scoraggiate dal coltivare il proprio cibo perché pensano che costerà un sacco di soldi, ma in realtà potrebbero risparmiare. Ricorda che grazie al tuo orto quinddi, non solo coltiverai il tuo cibo, ma risparmierai anche un pò di soldi e ne guadagnerai in salute.

CPSIA information can be obtained
at www.ICGtesting.com
Printed in the USA
LVHW082003180521
687789LV00002B/41